这就是数学

图形和数学家

介于童书　编著

江苏凤凰科学技术出版社 · 南京

图书在版编目（CIP）数据

这就是数学 . 图形和数学家 / 介于童书编著 . —南京 : 江苏凤凰科学技术出版社 , 2020.12（2021.10 重印）

ISBN 978-7-5537-9344-3

Ⅰ . ①这… Ⅱ . ①介… Ⅲ . ①数学 – 少儿读物 Ⅳ . ① O1–49

中国版本图书馆 CIP 数据核字 (2020) 第 202135 号

这就是数学 图形和数学家

编　　　著	介于童书	
责 任 编 辑	祝　萍	
责 任 校 对	仲　敏	
责 任 监 制	方　晨	

出 版 发 行	江苏凤凰科学技术出版社
出版社地址	南京市湖南路 1 号 A 楼，邮编：210009
出版社网址	http://www.pspress.cn
印　　　刷	北京博海升彩色印刷有限公司

开　　　本	718 mm × 1 000 mm　1/16
印　　　张	22.5
字　　　数	47 000
版　　　次	2020 年 12 月第 1 版
印　　　次	2021 年 10 月第 4 次印刷

标 准 书 号	ISBN 978-7-5537-9344-3
定　　　价	108.00 元（全 3 册）

目录

将各种图形进行组合搭配，可创造出美丽结构的物体！

本书的特点　　　　　　　　4

第1章　图形

生活中有哪些图形？每种图形都有哪些特点？

你的玩具是什么形状的？　　　　8

一起来玩七巧板吧！　　　　　　16

寻找捉迷藏的平面图形　　　　　22

井盖为什么是圆形的？　　　　　24

蜂巢为什么是正六边形的？　　　30

大自然中的美丽图形——分形结构　36

正六面体的展开图一共有几种？　42

两侧完全相同的建筑物　　　　　48

做一块全等手帕　　　　　　　　56

神奇的莫比乌斯带　　　　　　　62

棱角分明的朋友——棱柱和棱锥　68

用积木制作五格骨牌　　　　　　74

饮料罐为什么是圆柱体？　　　　80

欧拉的一笔画原理　　　　　　　86

什么是曲面细分？　　　　　　　92

绘制思维导图　　　　　　　　　98

第2章　数学家

来了解数学家们的成就故事和数学学科的奖项吧！

泰勒斯——计算金字塔的高度　　100

阿基米德的"Eureka"　　　　106

数学界的诺贝尔奖——菲尔兹奖　112

绘制思维导图　　　　　　　　118

词语解释　　　　　　　　　　119

我领悟到了数学的趣味，将来一定会成为伟大的数学家！

生动有趣的知识要点

玩游戏，认识图形和结构的奥秘；做比较，理解对称和全等的含义；
游世界，发现建筑和数学的关联；听故事，知道数学家和他们的贡献。

形式多样的版块设计

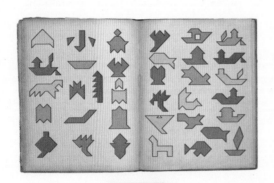

游戏

故事

图解

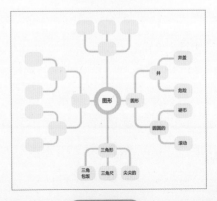

思维导图

图形

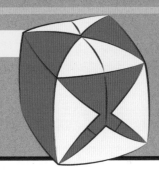

生活中有哪些图形？
每种图形都有哪些特点？

理解平面图形及立体图形，对实际生活帮助很大。我们通过各种有趣的漫画例子，使大家充分领会图形的概念及特点，帮助大家解决生活中的实际问题。图形具有直观、生动的特点，结合数学知识，图形简单明了，通俗易懂。

研究图形
有什么乐趣呢?

我们在日常生活中能看到的物品的模样,都能用点、线、面等基本元素表示出来。

如果将夜空中的星星想象为一个个点,那么将两颗星星连起来,便形成了一条线;将多颗星星连起来,便可以勾勒成人们联想出的神话人物或动物星座。

此外，耸立的高楼或笔直的道路都是由点、线、面和角所构成的，生活中所有的建筑物也都是由各种立体图形完美搭配构筑而成的。

让我们一起来了解一下我们生活中能够见到的各种图形吧。

各种形状　　　阅读日期　　　　　　年　月　日

普乐和妹妹美乐放学回家,看到妈妈正在忙里忙外。

"妈妈,您在干什么呢?"

"哦,我正在收拾你们俩长大后不再玩的那些玩具,给你们的姨妈带去,顺便做点吃的东西。"

原来,妈妈是想将他们兄妹俩玩过的玩具,送给姨妈家正在上幼儿园的弟弟。一想到自己曾经喜欢玩的那些玩具要送给姨妈家可爱的弟弟,普乐就兴奋得不得了,他决定帮妈妈的忙。

妈妈准备食物的时候，普乐和美乐在客厅整理玩具。看着箱子里的积木和地上堆积的其他玩具，普乐又想到了小时候。

"哥哥，我们以前玩积木玩得很开心吧？希望弟弟也能像我们一样。"妹妹美乐说道。

"嗯，没错。我们家有两个足球，要不也给他一个吧。"

Quiz [小测验]

下面这些都是普乐家的物品，这些物品都是什么形状的？请将物品和对应的形状连起来。

普乐！你来连连看吧！

10

11

Quiz [小测验]

到姨妈家去，普乐需要沿着由  做成的路标往前走。
大家来找一下普乐的姨妈家在哪里吧！

出发吧！

出发

啊！普乐来了！

普乐来到了姨妈家，和许久未见的弟弟一起玩起了折纸游戏。他们要用彩纸做出和普乐的积木一样的形状。大家也一起来试试吧！

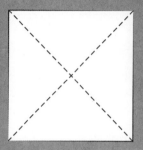

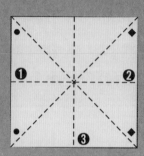

1 如图所示，将彩纸沿着虚线对折。

2 将彩纸沿着横向和竖向的虚线对折。

折成这个样子！

3 将❶、❷和❸折到一起，●和◆位置按标记符号，相同的符号折到一起。

4 按照箭头方向，将左侧及右侧的最下端折叠上去。

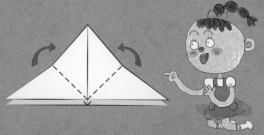

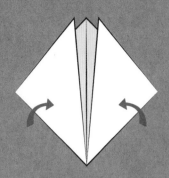

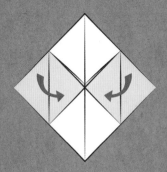

5 将彩纸反过来，按第4步的折法再折一遍。

6 如图所示，将左右两侧对称折到里面。

使劲往里放！

7 6步后形成了三角形的口袋。将彩纸反过来，按照第6步和第7步的折法再折一遍。

8 往空隙中吹气，并轻轻拉一下边角位置，正方体 形状完成！

大功告成！

1 一起来玩七巧板吧!

| 📖 七巧板 | 阅读日期 | 年 月 日 |

如下图所示,将一个四边形薄木板分为7块,再拼凑成人物、动物、植物、建筑物、地形、文字等各种图形,这个游戏便称为"七巧板游戏"。

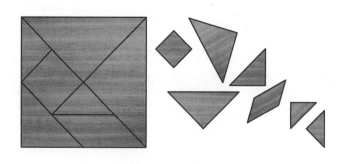

七巧板游戏可以用来启发儿童智力，因此七巧板又被称为"智慧板"。不仅儿童，大人也可以玩这个游戏。另外，如果家里来了客人，为了不让客人在等待上菜的时候感到无聊，也可以为客人准备一个七巧板。

一个人怎样玩七巧板游戏？

准备好七巧板的所有拼块，参考七巧拼图来拼成各种样子，或者拼成大家生活中所见的各种物品的模样。

▲七巧拼图

活动 把右页的七巧板的拼块剪下来，拼一下如下所示的各种形状吧！

大家分组进行拼图，然后让对方组来猜自己所拼的图形。

游戏开始之前，确定好目标分数及每个题目对应的分数。

如果答对了，那么拼图方和猜图方继续进行游戏；如果答错了，那么拼图方和猜图方互换，再进行游戏。

最先获得目标分数的一组为获胜方。

平面图形　　　阅读日期　　　年　月　日

　　　长城是我国古代的军事防御工程，始建于两周时期，断断续续地修筑了 2 000 多年，分布于我国北部和中部的广阔土地上，总计长度达 2 万多千米。接下来，让我们一起找一找长城上的几何图形吧！

修长城的石砖中藏着平面图形！

修建长城所用的条石，一块质量有1 000～1 500千克。古时候没有起重机，这样巨大的条石，是人们用肩膀和手，一步步抬上山岭的。

Quiz[小测验]

请找出下图中的正方形，用〇符号标记出来。

哇！我找到了正方形和长方形！

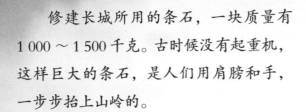

23

① 井盖为什么是圆形的？

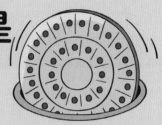

📖 圆形　　　　阅读日期　　　　　　　年　月　日

大家走在路上，经常会看到圆形的井盖。

市政井是在铺设下水道或其他地下管线工程中，为便于工作人员进入检查、维修或清扫而设置的井状洞坑。市政井须用井盖进行遮盖，以避免行人不小心落入洞坑。一般来说，井盖都是圆形的，难道三角形或者四边形的不行吗？

工程名称	市政井施工
位置	××路
施工单位	○○建筑公司

如果井盖是三角形的，那么会怎样呢？

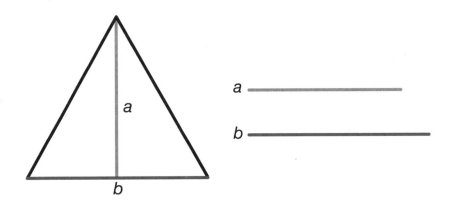

如上图所示，线段 *b* 比 *a* 要长一些。

因此，如果井盖是三角形的，那么就有可能如下图所示，井盖掉入洞坑中。

如果井盖是四边形的，那么会怎样呢？

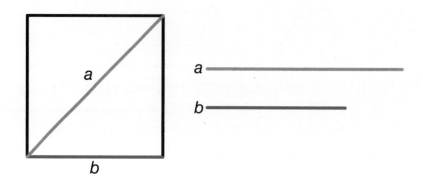

如上图所示，线段 a 比 b 要长一些。

因此，如果井盖是四边形的，那么就有可能如下图所示，井盖掉入洞坑中。

如果井盖是圆形的，那么会有不同吗？

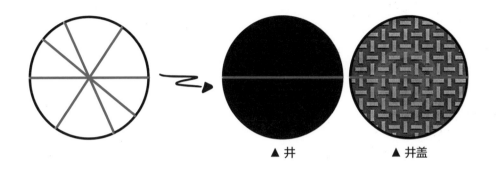

▲井   ▲井盖

在同一个圆中，所有的直径都是一样长的。

洞坑和井盖的大小都是一样的，因此，井盖不会掉入洞坑内。

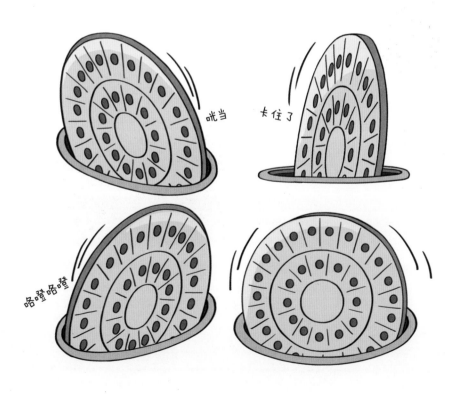

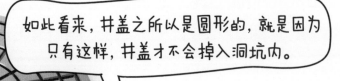

如此看来，井盖之所以是圆形的，就是因为只有这样，井盖才不会掉入洞坑内。

除了这个原因，还有其他几个原因呢！

为方便工作人员进入洞坑进行维修或清扫，井和井盖都做成了圆形。如果做成三角形，各个角都是尖尖的，那么工作人员进入洞坑时可能会碰到洞角而受伤。另外，井盖上方会有汽车经过，为防止井盖弹出来，井盖需要制作得非常重，而圆形则更方便搬移。因此，大部分的井盖都是圆形的。

 TIP 小知识

在国外，有很多如右图所示形状的井盖。

这个形状既不是圆形，也不是三角形或四边形。这样的图形被称为"定宽曲线图形"，这种定宽曲线是指具有定宽性的图形。

和圆形一样，定宽曲线形状的井盖也不会掉入洞坑内。

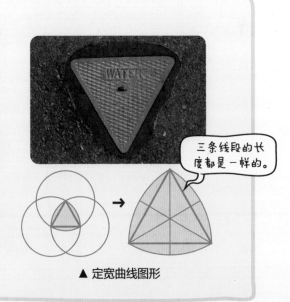

三条线段的长度都是一样的。

▲ 定宽曲线图形

"洞穿"公交车的"恐怖井盖"

美国纽约曼哈顿市区曾发生过一起井盖洞穿公交车的事故。

11 路公交车在经过曼哈顿一座立交桥的途中，伴随着爆炸声，传来了一位女性乘客的惨叫声。

原来是一个直径约 60 厘米的井盖洞穿了公交车底部，从靠窗的座位下冒了出来。

坐在该座位上的女性乘客因事故受伤，随即被送往医院。公交车公司职员称，在自己从业的 27 年间，这还是第一次遇到井盖洞穿公交车的事故。

该辆公交车的司机及乘客原以为是燃气爆炸，后经查明，原来是公交车轮轧过搁置不平的井盖时，井盖一下子弹蹦了起来。

不过，井盖竟然会洞穿公交车，这一事实让所有人都大吃一惊。

- ○○○ 记者 -

29

1 蜂巢为什么是正六边形的？

多边形   阅读日期   年   月   日

有一天，小蜜蜂吃完晚饭来到客厅坐下。他环顾了一下家的四周，脑海里出现了一个疑问。

"爸爸，为什么我们家的所有房间都是正六边形啊？客厅、餐厅、厨房以及我们的房间，全都是正六边形。我们家的洗手间也是正六边形的呢！"

"这里面可蕴藏了我们祖先的智慧呢。"

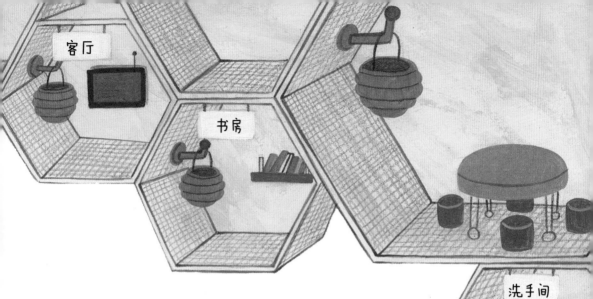

客厅

书房

洗手间

"智慧？"小蜜蜂更加好奇了。

蜜蜂爸爸读懂了小蜜蜂的心思，便将其中的缘由娓娓道来。

"我们蜜蜂需要最大限度地储存蜂蜜，所以这些房子需要将所有的空间填满，不留缝隙，对吧？虽然有圆形、三角形、四边形、五边形、六边形等各种形状，但在这些图形里，能不留缝隙地将空间全部填满的只有正三角形、正方形和正六边形。"

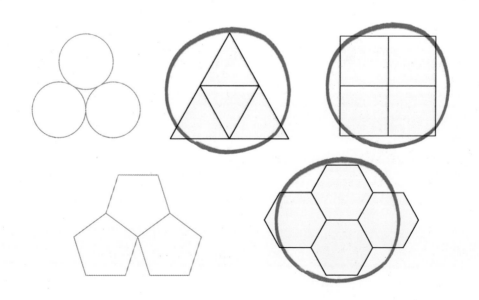

　　"不过，如果采用正方形，那只要被人一压，房子就会毁坏！相比之下，正三角形和正六边形会将压力分散到两边，所以更加结实一些。这毕竟是我们要生活居住的房子，难道不应该安全一些吗？"

我们的祖先受了好多苦。

这个不行！

这个也不行！

"这样一来,我们的祖先便开始考虑从正三角形和正六边形中选一种作为我们房子的形状。相同面积的情况下,所用的材料越少,性价比越高,那到底该建造哪种形状的房子呢?祖先们祖祖辈辈为此殚精竭虑,终于到了第12代女王蜂的时候,她想到了一个好办法。"

各用12个  ,来建造正三角形的蜂巢和正六边形的蜂巢。

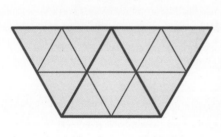 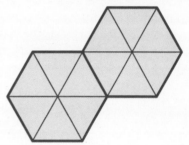

正三角形蜂巢和正六边形蜂巢的整体面积都是一样的(因为所用的三角形的个数是一样的)。

不过,正三角形蜂巢用了 14 条等边,而正六边形蜂巢只用了 11 条等边。

 结论

建造相同面积的房子时,建成正六边形形状,所用材料更少,性价比更高。

"啊，原来我们家这些正六边形的房子里，蕴藏着这么深远的意义啊！您的意思是说，这个形状和其他形状相比更结实，而且可以用更少的材料来建成大房子，是吧？"

　　"没错！这样就能储存更多的蜂蜜，这多好啊！"

　　"我们的祖先真是很有远见卓识啊！"

　　小蜜蜂终于知道这令人惊奇的房间建成正六边形的缘故了。他还告诉自己，以后要更加爱护自己的家人。

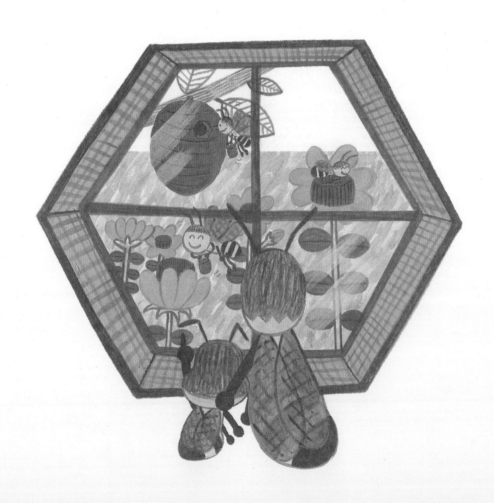

活动 大家用正六边形，画一画蜂巢的形状吧！

1 大自然中的美丽图形——分形结构

什么是分形结构啊？
分形结构是由无数个与整体结构相似的小结构，通过不断重复衍生而形成的结构。

分形结构是由美国数学家曼德布洛特（Mandelbrot）首先提出的概念，"分形"一词是从意思为"破碎"的拉丁语"fractus"中衍生而来的。分形结构被广泛应用于计算机动画领域，而且在大自然中也很常见。接下来，我们一起了解一下大家身边能看到的分形结构吧！

大家想象一下森林中的大树。大树的树干上会长出许多树枝。随着大树的生长，大树枝上会长出很多小树枝，小树枝的枝干上又会长出许多小树枝。树不断生长，树枝上也不断生长出无数的小树枝来。

如果最初出现的树枝被称为"整体结构"，那么不断延伸出来的小树枝，还有那些比小树枝更小的树枝，就被称为"小结构"。

不光是植物，动物中也能找到分形结构。

我是一只开了屏的孔雀。在我的羽毛中，那些小羽毛和大羽毛很相似，而更小的羽毛又和小羽毛很相似。我这个美丽的尾巴就是这些相似的羽毛无限重复衍生出来的。

37

在大自然中可以找到的分形结构

在数学中，我们也能找到分形结构的图形，那便是"谢尔宾斯基三角形"。

所谓谢尔宾斯基三角形，是在正三角形的各条边上，找到中间位置画个点，将各个点连接起来分为 4 个小三角形，然后将中间的小三角形抹掉。接下来，按同样的方式无限重复延续下去，就会出现无数个小三角形。

在分形结构中，具有代表性的有科赫曲线，又被称为"雪花曲线"。

科赫曲线的画法

1. 画一条线段。

2. 将画好的线段分为长度相等的三部分。

3. 在均分为三部分的线段中，抹掉中间部分的线段。

4. 将抹掉的线段作为"底边"，向外画一个正三角形。

5. 继续重复 **1~4** 的步骤。

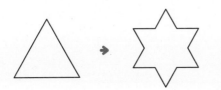
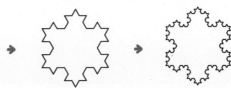

活动　大家画一画第39页所学的分形结构吧!

这样的分形结构,在我们看不到的社会生活及历史中也会出现。常言道:"历史总是惊人的相似。"尽管一桩桩的事件各不相同,但从大处着眼,这些事件几乎与过去的模式如出一辙。事情反复上演也并不一定是好事,因此,如果历史长河中出现过一些坏事,我们要努力把握好当前事情的发展方向,争取不让坏事再次上演。

在报纸的社会版或经济版中,大家见过"10年周期""100

年周期"这样的字眼吧？在经济及社会文化方面，也会有小趋势不断重复出现，进而演变为大趋势加以循环的情形。

在大自然中见到的现象，我们不要视而不见，而是要深入研究，思索这些现象与我们日常生活的关联。

利用计算机软件制作的分形结构。

图形

1 正六面体的展开图 一共有几种？

正六面体是由 6 个正方形的面组成的图形。因此，正六面体的展开图也应该是 6 个正方形连在一起的样子。

那么，下图所示的展开图，可以组成正六面体吗？

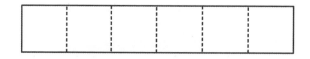

上图所示的展开图是无法组成正六面体的。这是为什么呢？首先，我们来仔细看一下正六面体的样子。

我们来看下图的正六面体，大家注意上面和下面两个面。在正六面体的展开图中，这两个面需要沿侧面分开，就像树枝分杈的样子。

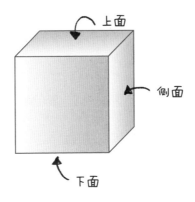

我们做一个将上面和下面放在最左侧的展开图①。

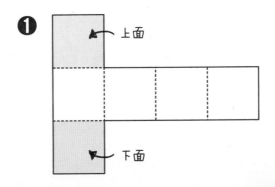

TIP **什么是展开图?**

　　将立体图形的棱角剪开后铺开，这样得到的图形就是展开图。只看展开图就知道会拼成什么立体图形。此外，同一个立体图形会有很多种展开图。

正六面体的展开图需要像树枝一样杈开的面，而且这些杈开的面不管贴在哪个位置都可以。

　　因此，图②～⑥都是正六面体的展开图。

将上方的面往右侧一格一格地移过来。

45

展开图⑦是将3个侧面整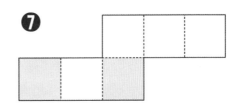
齐地顺移过来而画出来的。

将展开图⑦的上面和下面沿着箭头方向进行移动，就可
以画出如图⑧～⑪所示的展开图。

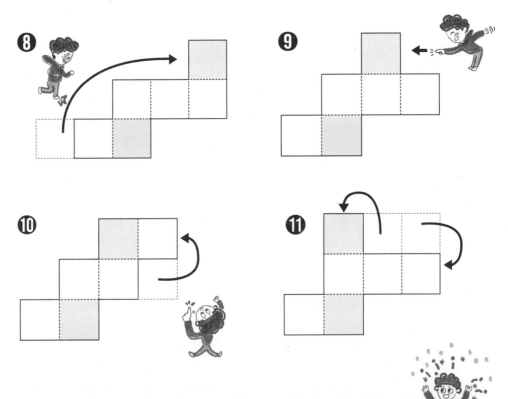

由此，我们可以得出：正六面体的展开图一共有11种。

 大家裁剪一下第45页的纸，来做几种正六面体的展开图
吧！首先将纸张按照展开图的样子摆好，然后用胶带粘贴起
来，看看能不能折成正六面体形状。如果无法组成正六面体，
那么大家查找一下原因之后，再重新试一试吧！

全等及对称　　　　　阅读日期　　　　　年　月　日

49

伦敦塔桥

　　伦敦塔桥是英国伦敦的一座桥。这座建于泰晤士河上游的桥，和英国国会议事堂的伊丽莎白塔（俗称大本钟）都是伦敦的地标性建筑。伦敦塔桥的两侧分别耸立着一座塔，为了融合周围的环境风格，该塔桥采用了哥特式建筑设计风格。

　　伦敦塔桥是一座开启桥，有大船要从桥下经过时，连为一体的桥身会慢慢分开，向两侧折起。过去，桥身每年会开合6 000余次，而现在随着港口的使用率降低，每年桥身折起次数减少至200余次。不过，桥身慢慢折起，竖起至将近90度，这个场景依然是游客们喜爱的场面之一。大桥折起时，两侧塔楼的门会被关闭，车辆将无法通行。

　　夜晚来临，霓虹灯初上，景致更令人赞叹不已。很多人评价这座塔桥为泰晤士河上最有魅力的一座桥。

　　伦敦塔桥关于中间开启口所在直线左右对称。

沿着这条红线进行折叠，伦敦塔桥可以完全重叠起来啊！

TIP

伦敦塔桥一览

▲ 从玻璃栈道向下透视的大桥景象

▲ 塔桥引擎室

　　乘电梯上行至塔桥，你会发现一条连接着两座塔的玻璃栈道，这里可以看到泰晤士河以及桥上来往的车辆。此外，大家千万不要错过维多利亚时期的引擎室，这里会向游人展示可拉起桥身的动力装置——液压发动机。

埃菲尔铁塔

　　埃菲尔铁塔是一座位于法国巴黎的铁塔。一提到法国，很多人首先想到的便是埃菲尔铁塔。埃菲尔铁塔于1889年建成，是为了庆祝法国大革命胜利100周年而设计建造的。这座铁塔在建筑学史上意义深远，建筑风格优雅而纯粹，极具美感，因此在1991年被联合国教科文组织指定为世界文化遗产。

　　不过，埃菲尔铁塔始建之初并没有被所有人接受，甚至有人认为这座塔不过是"铁丝编成的金字塔""钢铁铆接而成的丑陋柱子"。

　　尽管当时要拆毁埃菲尔铁塔的计划都已经拟好了，但由于费用实在昂贵便没有拆除。埃菲尔铁塔至今依旧耸立在原来的位置上，而喜爱它的人也越来越多。

到法国了！

▼ 安装在埃菲尔铁塔上的电梯

▲ 埃菲尔铁塔的铁骨构造

　　从外面仰望埃菲尔铁塔，景致令人赞叹；而登上埃菲尔铁塔远眺巴黎市区，那风景更让人心旷神怡。埃菲尔铁塔内部有3处瞭望台，第1瞭望台设有博物馆和邮局，第2瞭望台设有餐厅，而第3瞭望台位于最高位置，让人忍不住想上去一探究竟。

　　埃菲尔铁塔关于中轴线左右对称。

泰姬陵

泰姬陵是印度一座宫殿形状的陵墓。这座迄今为止以完美著称的建筑，是莫卧儿帝国的第五代皇帝沙·贾汗为了纪念其妃子于1631年至1653年在阿格拉修建的。

修建这座陵墓花费了22年的时间，每天动用2万余人辛苦劳作。修建工期如此之长，在距离泰姬陵不远的地方甚至还衍生出了一些新的村庄。在当时，泰姬陵的修建工程不仅有劳动人民的参与，连大象也都参与了进来。

近1 000头大象将白色大理石从周围的采石场里源源不断地运送到这里。

泰姬陵关于中轴线左右对称。

此外，泰姬陵还使用了钻石、水晶、绿松石、珊瑚等无数宝石及其他建筑所需的各种材料。

　　泰姬陵整体都采用白色大理石建造。泰姬陵的墙壁由美丽的图案、独特的纹理、繁复的样式等加以装饰，精致奢华。这里面凝聚着无数工匠的心血。

　　沙·贾汗死后被合葬于泰姬陵内他的妃子的身旁。因陵墓周围设有屏障，故一般人是无法进入到里面的。

▲ 泰姬陵内部

▲ 泰姬陵墙壁花纹

很久很久之前，在一个王国里有一位公主。

公主的母后送给她两块珍贵的手帕作为礼物。然而有一天，公主发现其中一块手帕不见了。

"呜呜呜，我的一块手帕不见了。这可是母后在我生日的时候送给我的特殊礼物……给我做一块和剩下的手帕'全等'的手帕吧！"

仆人们觉得公主很可怜，便马不停蹄地准备为她做一块"全等"的手帕。

母后

57

尽管仆人们心系公主并满怀诚意地为她做了手帕，但不知为何，公主却连连摇头。

"重做吧！稍等一下，你们是不是不明白'全等'的意思啊？"

"形状和大小完全一样，可以完全重叠起来的两个图形就表示'全等'。"

"刚刚你们做的手帕，虽然样式是一样的，但大小不一样，这不是我想要的手帕。"

其他仆人们听了公主的说明后，纷纷开始重新制作手帕。

到底有没有仆人能做出公主想要的手帕呢？

　　终于有人做出令公主满意的手帕了。

　　不过，仆人们都是满脸疑惑。

　　"公主，您的手帕是黄色花纹，而这个手帕的颜色和纹样看起来和公主您的手帕完全不一样啊。"

　　"各位，请大家再好好想想刚才我说的'全等'的意思。虽然这个手帕的颜色和我的手帕不同，但这个手帕的形状和大小与我的完全一样，可以完全重叠起来。这就是'全等'手帕！"

　　直到这时，大家才纷纷点头表示理解，多亏了公主，他们才真正理解了"全等"的概念。

活动　　下面的两块手帕是全等的，虽然纹样不同，但四边形的形状和大小都是一致的，折叠时可以完全重叠在一起。请大家参照下图，在空白格里画一画与公主的手帕"全等"的手帕。

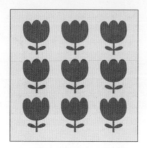 

参考 ## 寻找现实生活中的"全等"物品

华夫饼

采用心形器皿做成的华夫饼，形状和大小完全一样，是全等图形。

手套

我们冬天戴的手套，两只的模样和大小完全一样，是全等图形。

光盘

被称为 CD 的光盘全部都是直径为 12 厘米的圆形形状，所以光盘是全等图形。

插座

为了让所有家电产品的插头都能插入，插座两个孔的模样和大小是一样的，所以插座是全等图形。

什么是莫比乌斯带?

将一根长方形纸条扭转一周,将纸条两头粘贴起来,这样做成的无法区分内侧和外侧的曲面便是莫比乌斯带。莫比乌斯带的特点是,从纸带的任何一点出发,沿着纸带的中心转一圈,都会来到出发点的反面位置,而转两圈则会回到初始位置。

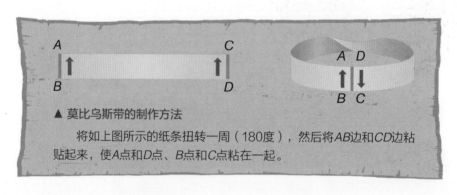

▲ 莫比乌斯带的制作方法

　　将如上图所示的纸条扭转一周(180度),然后将AB边和CD边粘贴起来,使A点和D点、B点和C点粘在一起。

莫比乌斯带是如何被发现的?

这是莫比乌斯去海边度假时发生的事情。

当时，因为宾馆里苍蝇太多，莫比乌斯无法入睡。他找来一条两面涂了粘胶的纸条，将纸条扭转了半圈后将两头粘起来，然后挂在了房间里粘苍蝇。这样，他才好不容易睡着了。第二天一早，莫比乌斯大吃了一惊。令他吃惊的原因并不单单是那些苍蝇，还有他那信手粘贴的纸条变成了区分不出里和外的一个面。后来，莫比乌斯便开始潜心研究莫比乌斯带。

TIP

莫比乌斯

　　莫比乌斯是一位德国的数学家、天文学家。尽管他发表了许多数学论文，但其实他是一位天文学教授。由于他是因莫比乌斯带而闻名世界的，所以很多人并不知道他的身份其实是天文学教授。

活用莫比乌斯带的范例

应用于生产的范例

传输带

传输带常见于传统磨坊、原动机等地方。

一般来说，一条传输带如果只用一面，则会很容易磨损，但采用了莫比乌斯带原理的传输带，由于其前后面无法区分，这样传输带磨损比较均匀，使用寿命会延长。

此外，两面都可录音的莫比乌斯胶片、用在清洗机上的自助清洗莫比乌斯过滤带等，也都采用了莫比乌斯带的原理。

回收标志

莫比乌斯带的特点是，从始发点位置沿着带子转一圈会到达始发点的反面位置，而继续再转一圈则会回到始发点位置。这个可以重新回到原点的特点让人联想到那些被人用完的物品资源的循环回收。由此，人们将象征着"循环回收"的标志定为如下图案。

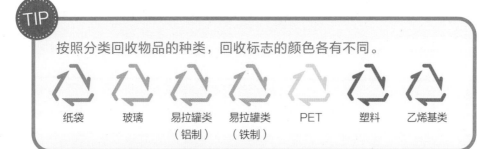

TIP

按照分类回收物品的种类，回收标志的颜色各有不同。

纸袋	玻璃	易拉罐类（铝制）	易拉罐类（铁制）	PET	塑料	乙烯基类

艺术文化

莫比乌斯带的特点也经常被解读为永远无法逃出的圈子。因此小说家常常将我们的宇宙想象成一个莫比乌斯带。

如果把巴赫的乐曲《逆行卡农》记录在莫比乌斯带上，就能无穷无尽地进行下去。因此，许多乐友将这段音乐叫作"巴赫大宇宙"或"巴赫大循环"。

剪一剪莫比乌斯带

制作一条莫比乌斯带，然后将带子从中间位置横向剪开。

将莫比乌斯带横向剪开后，会变成什么样子呢？按理，应该会变成 2 条莫比乌斯带，但事实上是变成了一条长度更长的扭弯了 4 次的莫比乌斯带。

接下来，我们将莫比乌斯带横向均衡地分为 3 份来剪开，这样就会产生 2 条莫比乌斯带。一条和刚开始制作好的莫比乌斯带相似，而另一条是变长了的扭弯了 2 次的莫比乌斯带。

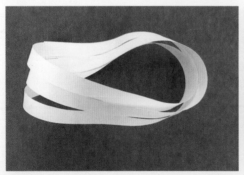
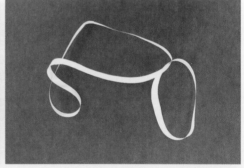

用莫比乌斯带制作心形图案

大家只是这样裁剪莫比乌斯带，是不是觉得没什么意思？

接下来，我们来做 2 条厚一点的莫比乌斯带。首先，将莫比乌斯带分别反方向扭转，将两头粘贴起来。然后，将 2 条带子按垂直方向贴在一起，沿着每条莫比乌斯带的中心线来剪开，这样就能得到心形图案。

大家可以尝试一下将莫比乌斯带的方向扭转多次后进行裁剪，也可以增加一下裁剪的次数。通过这样的活动，大家来深入了解一下莫比乌斯带原理中"深藏不露"的特点吧。

注意：裁剪莫比乌斯带时，一定要和父母或老师一起，不要被美工刀或剪刀伤到手。

1 棱角分明的朋友——棱柱和棱锥

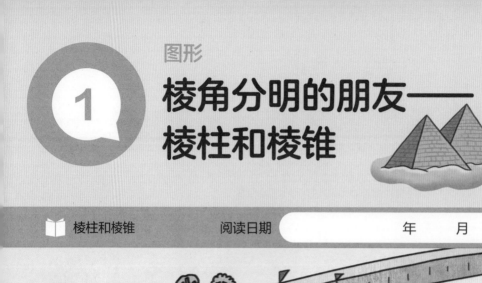

棱柱图形都有哪些呢?

　　放学后,朋友们正在运动场一起玩耍。今天,棱柱朋友们都来金星小学玩耍了。三棱柱、四棱柱、六棱柱都来了。

　　让我们来了解一下这些朋友们都有什么样的特点吧!

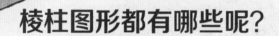

棱柱是指上下两个面平行且全等,侧棱平行且相等的封闭几何体。

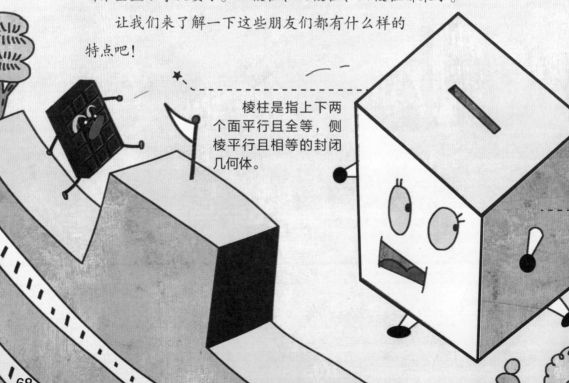

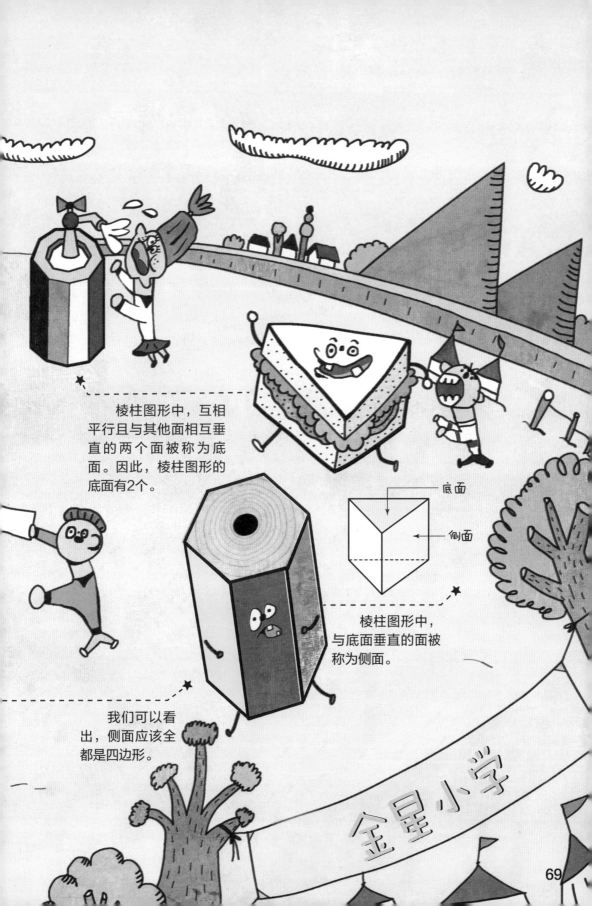

棱柱图形中，互相平行且与其他面相互垂直的两个面被称为底面。因此，棱柱图形的底面有2个。

底面

侧面

棱柱图形中，与底面垂直的面被称为侧面。

我们可以看出，侧面应该全都是四边形。

金星小学

棱锥图形都有哪些呢?

　　棱柱朋友们在运动场玩耍的时候，其他朋友打算在资料室整理一下棱锥模样的物品。

　　棱锥是和金字塔模样相似的锥状图形。

　　在运动场的棱柱朋友们，侧面全都是四边形，而在资料室的这些物品，侧面全都是三角形。

　　下面，我们一起来看一下三棱锥、四棱锥、五棱锥朋友们有什么特点吧。

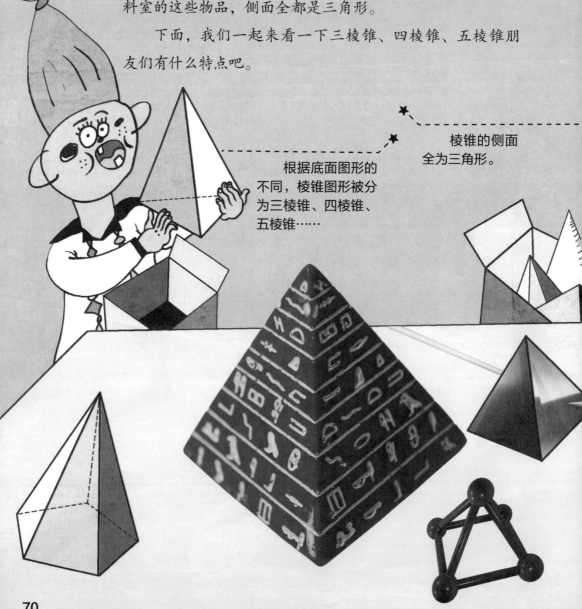

根据底面图形的不同，棱锥图形被分为三棱锥、四棱锥、五棱锥……

棱锥的侧面全为三角形。

在棱锥中，由2、3、4、5组成的面被称为底面，而由1、3、4组成的这些面被称为侧面。

侧面

底面

四棱锥形状的陵墓

世界七大奇迹之一——金字塔

金字塔是古埃及王族的陵墓。金字塔工程浩大，结构精细，还有很多迄今为止尚未解开的秘密，被称为世界七大奇迹之一。

其实，最初的金字塔并不是我们目前看到的正四棱锥形状。

起初金字塔是被称为"马斯塔巴"的泥砖单层陵墓，到左塞尔法老时代，金字塔逐渐垒高，成为庞大的阶梯金字塔。之后，在斯尼夫鲁法老的努力之下，才形成了我们所知道的形状的金字塔。

真正出现我们目前所看到的正四棱锥形状的金字塔，是从胡夫金字塔开始的。

哇，真的好大啊！

位于埃及吉萨地区的胡夫金字塔，建于公元前2690年左右，是由约230万块石块砌成的，每块石块重约2.5吨。这些沉重的石块是如何搬运的，至今仍是未解之谜。有人猜测，当时是在金字塔旁边用沙子堆了一条斜坡，然后通过这条斜坡来进行搬运的。

此外，还有一个金字塔的未解之谜。820年，有人进入金字塔寻找宝物，结果里面不仅没有胡夫法老的遗骸，而且什么宝物都没有发现。对此，很多历史学家认为，相比阿尔玛门将宝物偷走的说法，金字塔里面从一开始便空无一物的可能性更大。

从南侧看到的胡夫金字塔

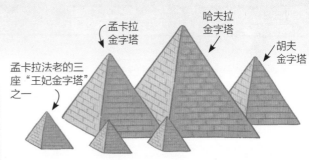

孟卡拉法老的三座"王妃金字塔"之一

孟卡拉金字塔

哈夫拉金字塔

胡夫金字塔

❶ 古埃及的"马斯塔巴"
❷ 左塞尔法老的阶梯金字塔

1 用积木制作五格骨牌

　　趁着普乐放假，亲戚们都来普乐家玩。和弟弟妹妹们玩什么好呢？普乐想了想，便拿出了自己的积木。

　　"要不，我们用积木来拼图吧？"

　　"好！不过要拼什么图呢？这些要全都用上吗？"

　　"嗯，你们知道五格骨牌吗？将 5 个全等的正方形连在一起拼成的图形，便是五格骨牌。五格骨牌共有 12 种拼法，我们用积木来代替拼一下吧！"

> **TIP**
>
> **什么是五格骨牌？**
>
> 　　五格骨牌是一种古老的游戏，可以追溯到宋徽宗年间。5 个全等的正方形可以组成 12 种形状。这 12 种不同形状的拼块组合可以拼出上千种形状，涉及数学中的几何学、拓扑学、运筹学、图论等多门学科，我国民间称为"伤脑筋十二块"，西方称为"中国的难题"或"潘多米诺骨牌"。

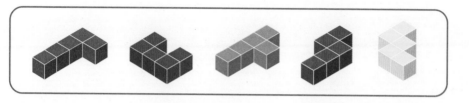

体验活动 大家用积木来装饰一下这座庄园吧！

采用立体方块建造的建筑物

立体方块屋

在荷兰第二大城市——鹿特丹，有一座用立体方块堆砌建成的建筑物。这座建筑物建于连接着车站和广场的人行道天桥之上。1984年，建筑师皮埃特·布罗姆设计了立体方块屋，他将每个立体方块当作"一棵树"，而组合起来的整个立体方块屋便是"森林"。因此，整个建筑物的基本框架是由木头做成的。从外面看，整个房子里面都是倾斜的，但其实只有墙是倾斜的，其他的和普通房子都一样。在立体方块屋中，分布着旅社、商店和常人所住的房子。游客可以在里面留宿，即使不留宿，也可以进去一探究竟。

❶ 倾斜的墙面
❷ 立体方块屋中的旅社内部场景

如果来到加拿大蒙特利尔市，大家会发现一个由很多立方体错落有致地码放在一起的住宅小区——栖息地 67。栖息地 67 是由建筑师摩西·萨夫迪设计建造的，他的设计初衷是从满是千篇一律的建筑物的现代都市中挣脱出来，独树一帜。67 这个数字是从加拿大 1967 年蒙特利尔世界博览会的年份中得来的。

栖息地 67 巧妙地利用了立方体的形态，将 354 个灰米黄色的立方体连接起来，可供 150 个以上的家庭居住。所有立方体的排列毫无章法，错综复杂，整体上是下宽上窄的金字塔形状。

下层房子的屋顶作为上层房子的庭院，所有的房子都看不到其他房子的内部。未来的生活中，我们会看到更多萨夫迪设计的这些未来型住宅吗？

❶ 栖息地 67 的屋顶
❷ 栖息地 67 的外观形状

图形

饮料罐为什么是圆柱体？

📖 圆柱体　　　　阅读日期　　　　　　年　　月　　日

有一天，乐乐和哥哥来到地铁站，他们打算去奶奶家。这时，他们正巧有些渴，为了买饮料，乐乐和哥哥来到了自动售货机前面，恰好看到值班大叔正在往自动售货机中放饮料罐。

这时，乐乐发现了一件很奇怪的事情：饮料罐全都是圆柱体。

"哥哥，这些饮料罐全都是圆柱体啊！难道没有棱柱形状的饮料吗？我倒是喜欢有棱有角的棱柱体……饮料做成三棱柱或者四棱柱的形状，和圆柱体也没啥不一样的，为什么都要用圆柱体呢？"

"看起来好像没什么不一样吧？但饮料罐采用圆柱体的形状，更经济、更实惠。"

"啊，我觉得好奇怪啊。哥哥，你再给我详细说一下吧！"

这里所说的"更经济、更实惠"，指的是金钱、时间、精力投入更少的意思。

如果柱体高度相等，那么看起来容量似乎也是相等的。但事实上，柱体底面的形状不同，所盛的容量也是不等的。

下图所示的正三棱柱、正四棱柱和圆柱体底面的周长都是相等的，但底面的面积却是不一样的。因此，各个柱体的体积也是不一样的。

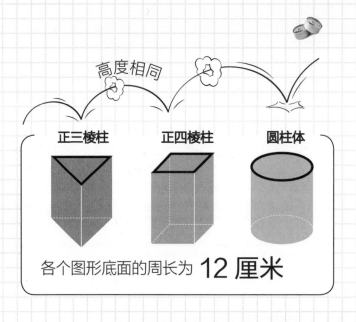

高度相同

正三棱柱　　正四棱柱　　圆柱体

各个图形底面的周长为 **12 厘米**

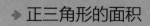

正三棱柱的底面积

➡ 正三角形的面积

正三角形的边长：4厘米

正三角形的面积：

边长×边长×0.43

=4×4×0.43=6.88（厘米^2）

正四棱柱的底面积

➡ 正方形的面积

正方形的边长：3厘米

正方形的面积：

边长×边长

=3×3=9（厘米^2）

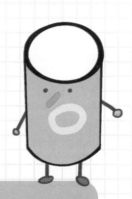

圆柱体的底面积

➡ 圆的面积

圆的半径（圆周率取3.14）：

12÷3.14÷2≈1.9（厘米）

圆的面积（圆周率取3.14）：

半径×半径×圆周率

=1.9×1.9×3.14

≈11.34（厘米^2）

圆的面积 > 正方形的面积 > 正三角形的面积

通过计算周长相等的正三角形、正方形及圆的面积，我们可以得出：圆的面积是最大的。因此，柱体高度相等时，底面积最大的圆柱体的体积是最大的。

在底面周长相等的柱体中，圆柱体的体积是最大的。因此，和其他形状的柱体相比，将饮料罐做成圆柱体，所盛的饮料量更多，也更加经济实惠一些。

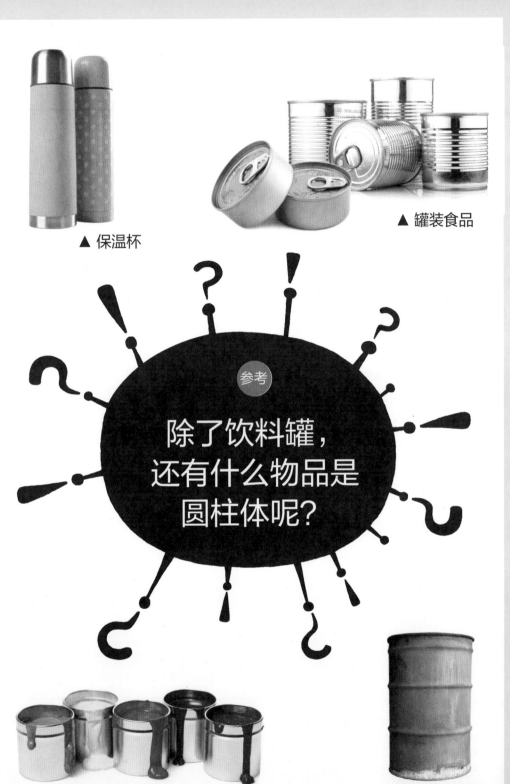

▲ 保温杯

▲ 罐装食品

参考

除了饮料罐，
还有什么物品是
圆柱体呢？

▲ 颜料桶

▲ 废弃物桶

1 欧拉的一笔画原理

在 18 世纪初，一个解不开的难题深深地困扰着普鲁士哥尼斯堡的市民们。

> 能不能不重复、不遗漏地走过 7 座桥，然后再回到原点呢？

在这个城市里有一条河，河上有连接着这座城市的 7 座桥。尽管有很多人试图不重复、不遗漏地走遍这 7 座桥，但没有人能解开这个难题。那到底有没有办法不重复、不遗漏地走过这 7 座桥呢？

时间过去了很多年，但这个难题依然无人能解。直到1736年，数学家欧拉试图要解开这个难题。

欧拉用"线"来表示大桥，用"点"来表示陆地。

由此，这个未解之谜便演变为能否用一笔画过所有"线条"而不重复的"一笔画问题"。欧拉是从数学的角度来看待这个问题的。

河的北侧

岛

河的东侧

河的南侧

如上图所示，由于无法用一笔画过所有线条而不重复，因此我们可以得出：没有办法可以不重复、不遗漏地走遍这7座桥。

也就是说，这个谜题的答案是"无法做到"。

一笔画原理

从一个点出发的路线条数若为偶数，则这个点被称为"偶点"；若为奇数，则这个点被称为"奇点"。只有在没有奇点，或2个奇点的情况下，才能完成一笔画。

从A出发有5条线，从B、C、D出发各有3条线，因此A、B、C、D全都是奇点，奇点共有4个，因此，无法进行一笔画。

○: 奇点　　△: 偶点

　　一个奇点也没有的情况下，无论从哪一点出发都可以完成一笔画；而有2个奇点的情况下，必须要从其中一个奇点出发才可以完成一笔画。

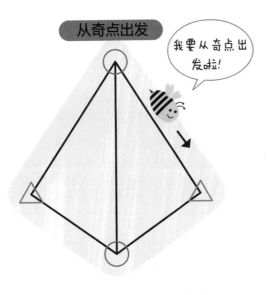

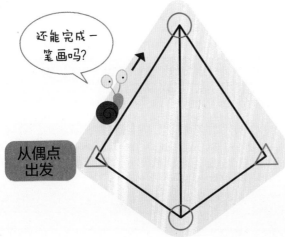

Quiz [小测验]

　　大家看看下图有哪些是可以实现一笔画的。

1

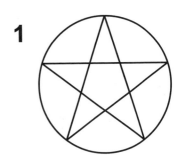

2

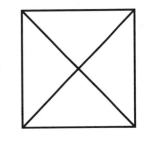

3

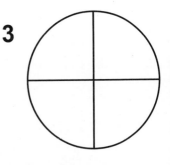

正确答案：1

89

命运多舛的天才——数学家欧拉

欧拉出生于瑞士，是一位伟大的数学家、物理学家。

欧拉对数学的研究非常广泛，在许多数学的分支学科中都可以经常见到以他的名字命名的重要常数、公式和定理。

欧拉小时候就特别喜欢数学，不满 10 岁就开始自学《代数学》。1720 年，年仅 13 岁的欧拉靠自己的努力考入了巴塞尔大学，他得到了当时最有名的数学家约翰·伯努利的精心指导。

欧拉 20 岁时，前往俄国科学院进行数学研究，破解了很多别人解不开的难题。随着他的学识逐步被人认可，他要做的事情也越来越多，然而他的身体每况愈下，最终一只眼睛失明了。

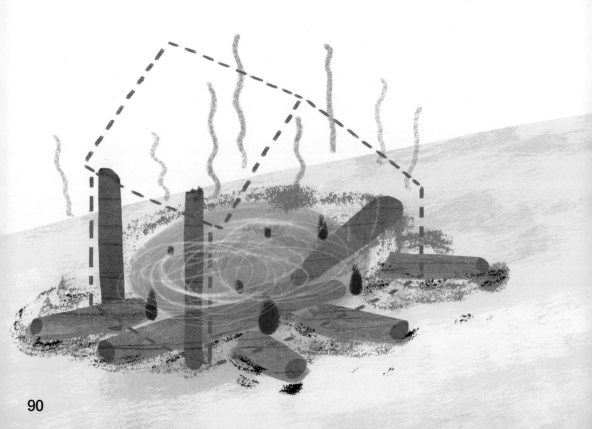

即便如此，他依然废寝忘食地进行数学研究，令人遗憾的是，他另外一只眼睛也失明了。一般人遇到这样的情况，都会犹豫或者放弃，而他却没有因此而停下脚步。

由于欧拉双目失明，他便将自己想说的话转达给助手，让他们撰写成书。这期间，一场大火将他的研究资料全部烧毁，而他还是重新编写了新的书籍，其内容比之前的更加详尽。

尽管欧拉命运多舛，但他毅然坚守自己热爱的事业，矢志不渝，这种精神永远值得我们学习。

平面图形的移动　　　阅读日期　　　年　　月　　日

走路时，如果低头看看地面，大家就会发现人行道上铺满了地砖。重复使用各种图案，无缝隙不重叠地将地面全部铺满，这样的情况便被称为"曲面细分"。

曲面细分的原理中，不仅蕴含着艺术的美感，还蕴藏着数学原理。通过正多边形图案的起承转合，可以塑造出各种精美绝伦的图案样式。

无论是从过去祖先发明的包袱布，还是西方的布艺材料中，我们都能找到曲面细分的应用。包袱布是由一块块的碎布拼接而成的，布艺材料则是添入了棉花后绗缝而成的布料。包袱布和布艺材料都是采用一个图案进行重复设计，将一个平面进行无缝覆盖而制成的。右上角这个图案就像我们前面看到的一样，由无数个正多边形进行重复，从而覆盖了整个平面。

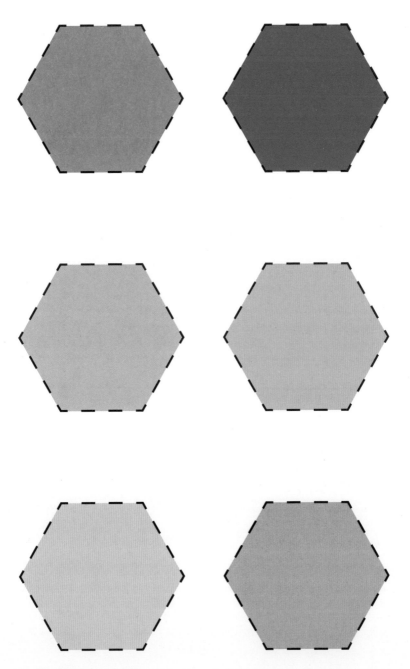

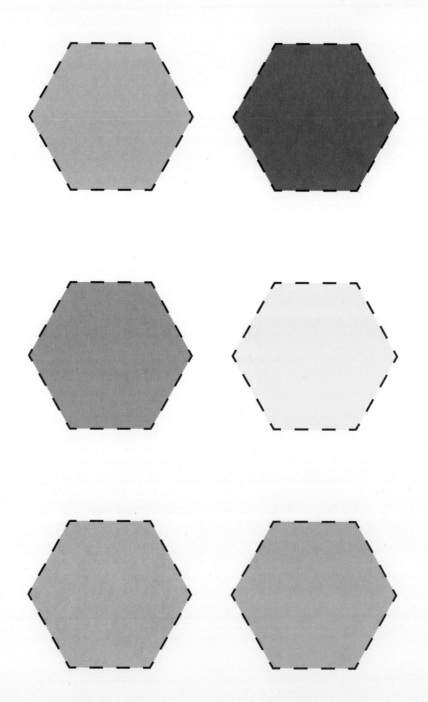

曲面细分原理中所用的正多边形，只有正三角形、正方形及正六边形，这是因为连接在一起的顶点的角度之和必须为360°*。

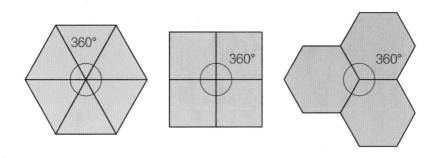

*360°：将圆平均分为360份，每份所对应的角度为1°，则圆的内角为360°。
符号"°"读音为"度"。

曲面细分原理是将相同的形状进行无限重复，因此采用的正多边形全都是正三角形、正方形、正六边形图案。

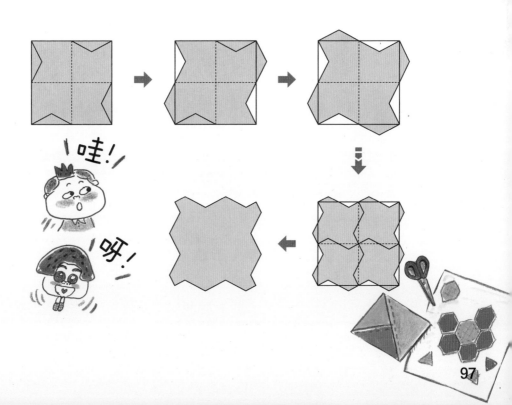

绘制思维导图

请大家回忆第 1 章内容，绘制一张关于图形的思维导图吧！

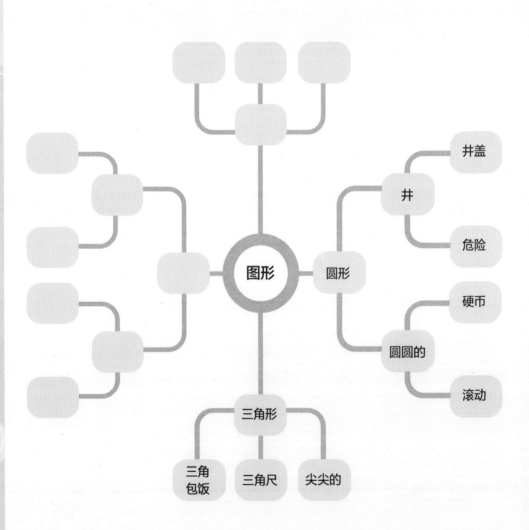

菲尔兹奖

第 2 章

数学家

来了解数学家们的成就故事和
数学学科的奖项吧!

数学既涉及数学科学领域,又涉及史学领域。历史上伟大的
数学家对数学学科的发展产生了深远的影响。

2 泰勒斯——计算金字塔的高度

📖 计算高度	阅读日期	年 月 日

泰勒斯是一位数学家、天文学家及哲学家。他的成就斐然，其中最著名的便是计算出了金字塔的高度。

"在我出生的那个年代，人们认为世界上所有事情的发生都是神的旨意。不过，我却常常感到好奇，对所有事情都要问个为什么。"

"埃及有很多金字塔，尽管大家都认为金字塔神奇伟大，却没有人能找到办法来计算出金字塔的高度。大家都认为，只有一点点地丈量，才能算出它的高度。而就在那时，埃及法老却命令我去计算金字塔的高度。"

"就在我苦思冥想的时候,我看着手里拄着的拐杖,突然灵机一动:'对啊,我可以用棍子和影子的原理啊!'"

"将棍子直直地立在地上,让金字塔影子的末端和棍子影子的末端重叠在一起,通过一定的比例公式,便能计算出金字塔的高度。"

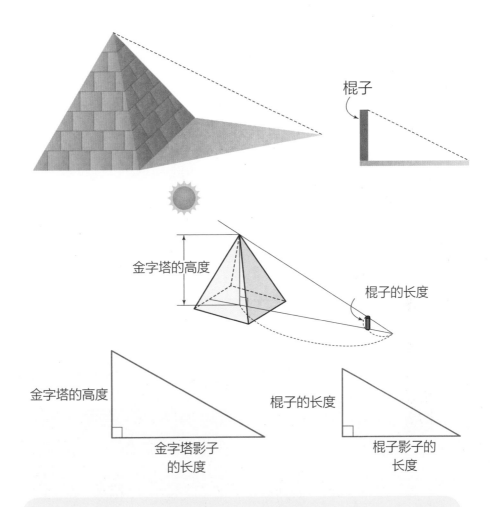

金字塔的高度:金字塔影子的长度 = 棍子的长度:棍子影子的长度

$$金字塔的高度 = \frac{金字塔影子的长度 \times 棍子的长度}{棍子影子的长度}$$

"您真是厥功甚伟啊。听说埃及法老对此非常高兴。"

"是的，法老非常高兴，我也很高兴。"

"除此之外，泰勒斯先生，您同时也是一位著名的天文学家。天文学是一门研究宇宙及宇宙中存在天体的学科，泰勒斯先生，听闻您曾经预言过日食的出现，还曾经终止过一场战争。请问，您是如何终止战争的呢？"

"日食是指月亮遮住太阳的一部分或全部，天逐渐变黑的天文现象。出现日食现象时，大白天也会像夜晚一样黑暗。很多人认为这种现象的出现是天神大发雷霆的结果。不过，我通过观察太阳和月球的运行轨迹，同时研究了过去对日食的记载，发现日食其实就是一种有规律的天文现象。"

▲ 阐述日食现象的泰勒斯

▲ 遥望星空思考的泰勒斯

"当时，米底斯与利底亚两族正在交战，战争持续了6年，战火依旧未熄。于是，我便警告他们：如果公元前585年5月28日之前战争还未结束，到时天神将大发雷霆，让白天变成黑夜。因为我推算到那天可能会发生日食现象。结果，到了那天，月球遮住太阳，白天果然变成了黑夜。由此，双方得以握手言和。"

"当月球运行到地球和太阳之间时，被月球阴影外侧的半影覆盖的地区，看到的太阳便是日偏食，而位于本影内的人看到的便是日全食。"

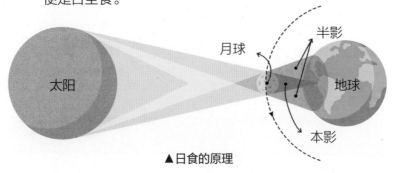

▲日食的原理

泰勒斯不仅找到了计算金字塔高度的方法，还证实了数学领域的五大定理。这五大定理，大家以后会学到。

　　由此，我们也可以看出，泰勒斯作为数学家的贡献是很大的。

　　此外，泰勒斯也被称为"西方哲学之父"。他主张，水是万物之源，不赞同别人将自然现象全归于神话的想法，一直致力于从自然中探究根源。

　　泰勒斯在数学、天文学及哲学等领域的成就都源自他始终坚持问"为什么"。他带着疑问，不断探究，才逐渐证实了迄今为止仍被运用到的数学定理。希望大家也能效仿泰勒斯的做法，积极探究自己好奇的事情，对不懂的问题要"打破砂锅问到底"。

泰勒斯青年时期的趣事

记者在采访泰勒斯的过程中，从他的好友那里听到了一个很有意思的故事。

泰勒斯还是一位商人，进行一些食盐等生活物品的买卖。当时没有汽车，他便将盐袋放在毛驴背上驮着走。毛驴知道食盐浸水会化掉，因此在渡过小河时，毛驴故意跌倒，将盐袋浸到水里。泰勒斯早就察觉出了毛驴的小伎俩，将食盐换成了浸水后更加沉重的棉花。自那时起，毛驴再也不会在渡河时故意摔倒了。

这个趣闻让我们了解到了泰勒斯的智慧。

数学家

阿基米德的 "Eureka"

📖 阿基米德原理　　　阅读日期　　　年　月　日

用这些珍贵的黄金为我做一顶王冠吧。

是，请相信我！

几天后

这是采用陛下那些纯金打造的王冠。

嘿嘿！

哦！

看起来没有原来的黄金那么闪亮呢。

看来我得检验一下这个王冠，到底是不是用纯金打造的。

阿基米德会帮我的！我得给他打个电话！

你好，阿基米德！我的王冠颜色暗黄，好奇怪啊。

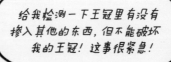

给我检测一下王冠里有没有掺入其他的东西，但不能破坏我的王冠！这事很紧急！

106

挂掉电话后

怎样才能在不破坏王冠的情况下，检测出王冠是不是只用黄金打造的呢?

不管了。先去洗个澡吧。

哦! 哦! 哦! 就是这样。

Eureka!

我身体有多大，水就溢出来多少。就是这个!

陛下! 这个王冠不是采用纯金打造的，里面肯定掺杂了其他东西。

你是怎么知道的呢?

哦!

我进入浴缸洗澡的时候，看到里面的水溢出去了一些，而溢出的水量和我身体的大小是一样的，由此我才想到了办法。

108

阿基米德是谁？

阿基米德出生在位于地中海西西里岛的一个名为锡拉库萨的村庄，因其"Eureka"一句话而闻名世界。他不仅是一位数学家，还是一位物理学家，青年时期便因才华出众而发生了很多趣闻。

阿基米德原理——浮力原理

大家在前面的漫画中看到的内容，便是阿基米德原理，也被称为"浮力原理"，是指浸入水中的物体所受的浮力大小等于被该物体排开的液体的重力。阿基米德发现了这一原理后，大声喊着"Eureka，Eureka"，光着身子在锡拉库萨村庄里来回奔跑。"Eureka"一词在希腊语中表示"我找到了"的意思，现在当地人在发现了某些事情时，还会沿用"Eureka"的说法。

螺旋泵

阿基米德在埃及留学时发明的螺旋泵，一直沿用至今。

他发明这个装置的灵感源于从船舱里排出积水的方式——通过转动一个螺旋*状的装置将下面的水运到上面来。这便是螺旋泵的原理。

*螺旋：螺丝形状的曲线。

杠杆原理

阿基米德发明了杠杆后，曾对国王说过："给我一个支点，我就能撬动地球。"

国王不相信他的话，便让他把一艘装满士兵的大船拖到水里。阿基米德利用杠杆和滑轮，将大船拖进了大海里。后来，阿基米德采用杠杆原理还发明了无数个工具和仪器。

布匿战争

阿基米德的才能在战争中也有用武之地。

第二次布匿战争中，阿基米德生活的锡拉库萨也遭遇了攻击。马塞拉斯带领罗马军队乘着无数战舰浩浩荡荡而来，自信满满地以为自己肯定会赢。然而，罗马军队的战船被阿基米德发明的装备损毁殆尽，沉入大海。

阿基米德之死

公元前 212 年，古罗马军队入侵锡拉库萨，罗马军队的最高统帅马塞拉斯夺下了城池，攻入了锡拉库萨城内。

罗马士兵闯入了阿基米德的住宅，当时阿基米德正在院子里的沙子上画着几何图形。沉浸在研究之中的阿基米德丝毫没有认出来人是罗马士兵，他大声喊着"不要踩坏我的圆！"可是这个罗马士兵毫不理睬阿基米德的话，一剑将他刺死了。

数学天才阿基米德就这样悄无声息地殒没了。后来，马塞拉斯处死了那个士兵，并在阿基米德的墓碑上刻上了他的重要成就——"圆柱容球"几何图形。

② 数学界的诺贝尔奖——菲尔兹奖

菲尔兹奖

📖 菲尔兹奖　　　阅读日期　　　　　　　年　　月　　日

　　1924年，第7届国际数学家大会在加拿大多伦多召开，担任主持的菲尔兹设想利用大会的结余经费及自己的遗产设立一项基金。他想设立一个与诺贝尔奖齐名的国际性奖项。在菲尔兹的努力之下，世界上最权威的数学界奖项——菲尔兹奖由此诞生，于1936年首次颁发。后来，国际数学家大会每四年举行一次，为在数学领域作出突出贡献的数学家颁发菲尔兹奖。

尽管菲尔兹奖被称为数学界的诺贝尔奖[*]，但其实两者之间并无关联。每年一到诺贝尔奖的颁发仪式，新闻中会出现各种奖项的获奖消息，但诺贝尔奖中并没有数学领域的奖项。关于自然科学的三项诺贝尔奖有一个原则，即有实验的支持，以及对人类文明有重大作用。诺贝尔认为，数学仅仅是工具，不具有重要作用，因此诺贝尔奖中没有数学奖项。这也是菲尔兹设立菲尔兹奖的根源。

　　菲尔兹奖章的正面用拉丁文镌刻着"超越人类极限，做宇宙主人"的格言，背面用拉丁文镌刻着"全世界的数学家们：为知识作出新的贡献而自豪"。

[*]诺贝尔奖：为那些在物理学、化学、生理学或医学、文学、和平、经济学6个领域作出杰出贡献的个人或团体颁发的奖项。

▲ 菲尔兹奖奖章

菲尔兹奖原来是这样的奖项!

菲尔兹奖

菲尔兹奖得主有年龄限制

在四年一度的国际数学家大会上，菲尔兹奖只颁给 2 ～ 4 名年龄不超过 40 岁的青年数学家。有的人在数学方面取得了很大成就，但因为年龄限制而无法获得该奖项。

天哪，怎么这样!

咚!

奖金为 15 000 加元

菲尔兹奖设立初期，奖金为 1 500 加元。奖金经过多年的上涨，目前是 15 000 加元。虽然这在诺贝尔奖面前不值得一提，但 1994 年获得菲尔兹奖的叶菲姆·泽尔曼诺夫曾说过："如果年轻的时候获得了菲尔兹奖，那后面的 40 年内都会有很好的待遇。尽管奖金不多，但菲尔兹奖的价值完全可以和诺贝尔奖相媲美。"由此可见菲尔兹奖对数学家的重要性。

菲尔兹奖奖金

No

获得菲尔兹奖的难度极大

　　截至2018年，全世界共有60位数学家获得过菲尔兹奖，其中2位为华裔数学家，分别为1982年获奖的数学家丘成桐和2006年获奖的数学家陶哲轩。

2014年出现首位女性获奖者

　　在美国担任数学教授的玛丽安·米尔扎哈尼是世界上首位获得菲尔兹奖的女性数学家。

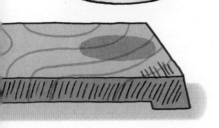

诺贝尔奖奖金

世界上影响力较大的奖项有哪些?

　　世上还有一个像菲尔兹奖一样被称为"数学界诺贝尔奖"的奖项，那便是阿贝尔奖。这是挪威政府为纪念挪威数学家阿贝尔而设立的国际数学奖项，自 2003 年起，每年为作出突出贡献的数学家颁发奖项。

　　这个奖项和菲尔兹奖的不同之处在于，阿贝尔奖没有年龄的限制。

> 菲尔兹奖的重点在于衡量年轻数学家对数学的贡献，而阿贝尔奖重点衡量的是某位数学家一生对数学的贡献。

阿贝尔奖

> 普利策奖会随着时代改变而增加新的领域，最近新增了数字媒体的领域。

　　世界上还有个与新闻、音乐、文学相关的奖项，那便是普利策奖。这是 1917 年根据美国报业巨头约瑟夫·普利策的遗愿而设立的。该奖项涉及新闻报道、摄影等 14 个领域以及文学、影视剧、音乐等 7 个领域，其中新闻的获奖者必须是在美国范围内活动的人，而文学、影视剧、音乐领域的获奖者必须是美国公民。

普利策奖

在建筑领域有一个名为普利兹克奖的奖项，是凯悦基金所赞助的针对建筑师颁布的奖项。

这个奖项是为"每一年通过建筑艺术为人类及环境作出杰出贡献的建筑家"颁发的奖项，不是单纯看某个建筑作品来进行评定，而是依据该建筑师对建筑的理念及价值观等进行评定。

▲ 法兰克·盖里设计的华特·迪士尼音乐厅

外形犹如玫瑰花盛放的华特·迪士尼音乐厅的设计者法兰克·盖里获得了普利兹克建筑奖。

我国建筑设计师王澍于2012年获得该奖项，宁波美术馆就是他的设计作品。

▼ 王澍设计的宁波美术馆

这就是宁波美术馆啊！

这座建在甬江岸边的美术馆，简直像一座"艺术方舟"！

117

绘制思维导图

请大家回忆第 2 章内容，绘制一张关于数学家的思维导图吧！除了书中提到的数学家，你还知道哪些数学家以及他们的成就？写在思维导图里吧！

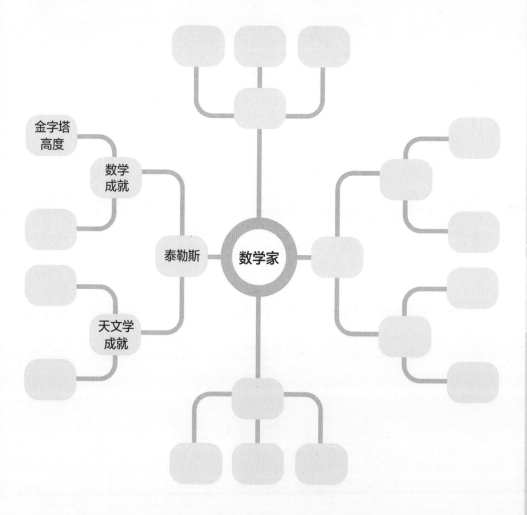

词语
解释

七巧板游戏　　　　　第 16 页

将四边形的薄木板分为 7 块，用这些板拼成人物、动物、植物等图形的游戏

直径　　　　　第 27 页

通过圆心并且两端都在圆周上的线段

多边形　　　　　第 31 页

由三条及以上的线段围成的平面图形。若是三条边，则为三角形；若是四条边，则为四边形

正三角形　　　　　第 33 页

三边相等的三角形，也叫作等边三角形

平面展开图　　　　　第 43 页

将立体图形展开后的平面图

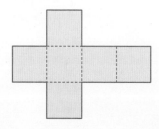

正六面体　　　　　第 43 页

由六个正方形面组成的正多面体，也叫作立方体

轴对称　　　　　第 49 页

将图形沿直线对折，直线两侧图形完全重叠的情况

全等　　　　　第 58 页

样式和大小相同，完全可以重叠的形状

莫比乌斯带　　　　　第 62 页

将一根平面的四边形纸条弯曲一周，将纸条两头粘贴起来，这样做成的无法区分内侧和外侧的曲面

六棱柱　　　　　第 68 页

底面为六边形的棱柱

四棱柱　　　　　第 68 页

底面为四边形的棱柱

平行　　　　　第 68 页

在同一平面上的两条直线或两个平面不相交的现象

底面　　　　　第 69 页

立体图形中位于底部的平面图形。圆柱体、棱柱中与其他面垂直的两个面，棱锥中与棱锥的顶点不相邻的面

这就是数学

测量和统计

介于童书　编著

江苏凤凰科学技术出版社 · 南京

图书在版编目（CIP）数据

这就是数学 . 测量和统计 / 介于童书编著 . —南京：
江苏凤凰科学技术出版社，2020.12（2021.10 重印）
ISBN 978-7-5537-9344-3

Ⅰ . ①这… Ⅱ . ①介… Ⅲ . ①数学 – 少儿读物 Ⅳ .
① O1-49

中国版本图书馆 CIP 数据核字 (2020) 第 202132 号

这就是数学 测量和统计

编　　　著	介于童书	
责 任 编 辑	祝　萍	
责 任 校 对	仲　敏	
责 任 监 制	方　晨	

出 版 发 行	江苏凤凰科学技术出版社
出版社地址	南京市湖南路 1 号 A 楼，邮编：210009
出版社网址	http://www.pspress.cn
印　　　刷	北京博海升彩色印刷有限公司

开　　　本	718 mm×1 000 mm　1/16
印　　　张	22.5
字　　　数	47 000
版　　　次	2020年12月第1版
印　　　次	2021年10月第4次印刷

标 准 书 号	ISBN 978-7-5537-9344-3
定　　　价	108.00元（全3册）

图书如有印装质量问题，可随时向我社印务部调换。

目录

本书的特点   4

第1章　测量

测量单位的使用

谚语中的长度单位   8

时间及钟表的故事   18

多出1秒钟   28

升和毫升的应用   34

如何计算大地的面积？   42

计量单位里的约定   48

听说过圆周率 π 吗？   56

物体表面积的计算   62

绘制思维导图   66

第2章　规则性·数据及可能性

发现生活中常见的数学规则

暗号的历史   70

比率的秘密   78

神奇的数字排列——幻方   86

方便易懂的柱形图   92

折线图一点也不难！   98

饼状图和条形图   104

与生活息息相关的统计   108

绘制思维导图   118

词语解释   119

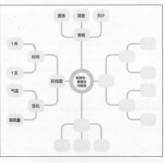

本书的特点

深入浅出的知识讲解

看漫画，知道测量的单位和转换；读故事，了解时间的表达和阐述；
看数据，发现规则的存在和原理；学统计，探究数学的奥秘和应用。

形式多样的版块设计

漫画

故事

图解

思维导图

测 量

测量单位的使用

　　生活中，我们想知道高度、长度、面积、容积等，都需要进行测量，而测量则离不开单位。这一章我们要了解的就是测量单位，并学习如何使用。

测量单位
都有哪些呢?

在每四年一届的国际奥林匹克运动会上,我们会通过测量时间、距离等各种数据来衡量胜负,授予运动员金牌、银牌及铜牌的荣誉。

在游泳、田径比赛中,我们通过测量时间来为最快到达终点的选手授予金牌;在标枪、跳远、跳高等竞技比赛中,我们通过测量距离来为获得最远、最高成绩的选手授予金牌。

　　这些表示时间、距离等的各种测量单位都有约定俗成的规定，让世界众多国家之间在社会、经济、文化方面实现了有效的沟通与交流。

　　在第 1 章 "测量" 中，我们会了解到各种测量单位的历史渊源及使用范围，从而进一步学习这些单位的用法。

测量

1 谚语中的长度单位

📖 长度测量　　　　　阅读日期　　　　　年　月　日

所谓谚语，是指广泛流传于民间的言简意赅的短语。

谚语中蕴藏着很多我们生活中所需的经验和教训。谚语中也有很多是关于长度单位的。

我们一起来了解一下都有哪些谚语吧！

是长是短，比比就知道

这句谚语表示"到底谁更厉害，比试一下自有分晓"，还有一种更加生动有趣的说法"是骡子是马，拉出来遛遛"。

十丈水深易量，一尺人心难测

这句谚语表示人心隔肚皮，不好揣测。这句话也可以用一句话来概括，那就是"知人知面不知心"。

长度单位：丈、尺
1丈约合3.33米，1尺约合0.33米。

对于水来说，即便有十丈深，也可以测量出它的深度。而一个人的内心，却不能拿尺子来测量，因为它既让人看不透，也让人测不出。这句谚语表达了"人心难测"的意思。

← 水的深度

人心的深度

小润要过生日了，普乐为小润准备了一个漂亮的生日蛋糕。普乐把蛋糕带到教室送给小润，小润随口说了句"我不喜欢甜食"。普乐听后信以为真，闹出了一个大乌龙。

千里之行，始于足下

这句谚语表示"事情是从头做起，从点滴小事做起，逐步进行的"。

长度单位：里
在我国，一里等于 500 米。

12

和一步的距离相比，一里的距离真的很长吗？

虽然无法一步登天，无法一步迈出千里远，但只要一步一步地往前行，肯定会走到千里之外的。也就是说，尽管有些事情并不是一开始就有好的结果，但是只要坚持不懈地努力，就肯定能笑到最后。

尺有所短，寸有所长

这句谚语表示"人或事物各有其长处及短处，关键在于看问题的角度"。

长度单位: 尺、寸
一尺约合 33.33 厘米，
一寸约合 3.33 厘米。

一寸

一尺

面对同样的半杯水，普乐欣喜地说："水还剩一半呢！"而弟弟则皱着眉头说："水只剩一半了啊。"

　　妈妈看到弟弟的表情，说道："'尺有所短，寸有所长'，这全在于自己看待问题的角度。如果你能像普乐那样，认为'水竟然还有一半呢'，心情会不会更好一些呢？"

　　弟弟听了妈妈的话，心情一下子好了起来。

通过学习，大家知道了很多长度单位可以用在谚语里。读一读下面这些谚语，看看里面包含哪些单位和数字。

1. 一朝被蛇咬，十年怕井绳

这句谚语表示"被蛇咬了一次，看着类似于蛇形状的井绳都害怕"，比喻经历过一次挫折后，胆子变小。"十年"表示时间之久。

2. 不怕一万，就怕万一

比喻一件事情发生的概率不大，但是存在万分之一的可能性，只要发生就会使之前的努力付之东流。

3. 百闻不如一见，百见不如一干

通过"百"和"一"的数量对比表示重要性。指听别人说多少遍，也不如自己亲自看一遍。所谓耳听为虚，眼见为实，而看别人做一百遍，也不如自己亲身实践做一次。

4. 一寸光阴一寸金，寸金难买寸光阴

一寸光阴像一寸黄金一样珍贵，但是用黄金却买不到时光。通常这句话用来劝人要珍惜时间，不要虚度光阴。

活动 大家来说说还有哪些与数字和单位有关的谚语吧！

钟表指针为什么会顺时针转动呢？

不管是什么样的钟表，大家仔细观察会发现：指针都是顺时针转动的。

指针顺时针转动是和日晷有关系的。日晷是我国古代发明的通过观测日影的位置计时的仪器。下面，我们来模拟日晷计时的原理吧！

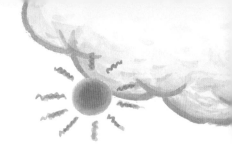

在运动场上竖起一根木棍，观察木棍的影子，大家会发现：随着太阳从东边升起、西边落下，上午影子在西边，正午影子在北边，而下午影子会在东边。观察影子位置的移动变化，会发现影子是顺时针转动的。古代人根据日晷在不同时刻影子的位置来计时。如此一来，日晷的使用习惯也影响了当前我们所用的钟表的指针走向。

根据木棍影子的方向，我们可以推算出时间。

上午8时　　　正午　　　下午4时

东边　　　　　　　　　　　西边

如果埃及不在北半球，而在南半球，那钟表会逆时针转动吗？

上午　　　正午　　　下午

数字钟表可以更好地确认时间，为什么大家还要使用模拟时钟呢？

　　数字钟表只通过数字来显示时刻，如果不进行减法运算，就无法得知未来还剩下多长时间。对于模拟时钟来说，只要看一眼分针的位置，我们就可以知道："哦，原来还剩 ×× 分钟啊！"

▲ 数字钟表｜用数字来表示时刻

大家之所以使用模拟时钟，主要和查看时间的方法有关。

日常生活中，我们看表一般是确定当前的时间。不过，成年人看表主要是确认未来的时间和现在的时间之间的差距，比如，他们会经常问："还有多久到 3 时？"如果是这样的情况，那采用模拟时钟会更加直观一些。

因此，尽管数字钟表被发明出来，但是很多人仍然选用有指针的模拟时钟。

▲ 模拟时钟｜用指针来表示时刻

我们来了解一下钟表的演变历史吧!

日晷

日晷采用竖杆的影子来测算时间。

火时计

将蜡烛或灯笼点上火,根据燃烧的量或燃烧后剩余的量来测算时间。

水时计

将水倒入有孔的容器内,根据漏出的水量或容器内剩余的水量来测算时间。

挂钟

挂钟一般采用振子装置，利用卷簧来调整速度，如果时间走快了或慢了，可以调整振子的长度。

石英表

石英表利用石英晶体的振动来代替卷簧。通过对石英晶体施以一定的电压，将一定的振动频率传递到电子产品中。

原子钟

原子钟利用了原子振动频率极其精确的特性，是目前世界上最精确的钟表。

常听人说"我2时左右到"，那"左右"到底表示怎样一个"度"呢？

朋友跟你说"我2时左右到"，如果他提前15分钟到，你心里会怎么想？反过来，如果朋友晚了15分钟才到，那你心里又会怎么想？

"左右"一词，一般用来表示"临近某个时刻或日期的时间"，无法明确其中所涵盖的范围。例如，有人说"我2时左右到"，然后他2时10分到了，那这个人肯定是将这10分钟涵盖在了"左右"一词里。而有些性情急躁的人则会生气，反过来质问他："你怎么来得这么晚啊！"大家要记住，不同的人对"左右"一词的理解可能是不一样的。

我说 2 时左右到，那我 2 时 10 分到也行啊！

他说 2 时左右到，看来马上就来了！

如左图所示，有人认为这个时刻是2时左右，也有人认为这个时刻要说成"2时左右"的话，有点太早了。

约好2时左右见面，有人会认为应该要早到10分钟。

因为10分钟的时间距离约定时间并不长，所以，约好在2时左右见面的朋友也有可能在2时10分到达约会地点。如果不喜欢有人迟到，那直接约好"2时见面"，岂不是更好吗？

2时30分在2时和3时的中间位置，因此很难将这个时刻表示为"2时左右"，如果需要到2时30分才能到达约好的地点，那最好还是提前跟朋友联系一下。

在古代，
每天不是24小时？

我们看古装剧时，会发现里面的演员们常用一些我们不熟悉的话语来进行时间约定。为什么会有这样的事情呢？因为在中国古代，人们采用如下方式将每天分为了12个时辰，同时将这12个时辰分别对应了十二生肖。

约定好的见面时间是明天什么时候呢？

我要在未时出门。

子时：	23时～	1时
丑时：	1时～	3时
寅时：	3时～	5时
卯时：	5时～	7时
辰时：	7时～	9时
巳时：	9时～	11时
午时：	11时～	13时
未时：	13时～	15时
申时：	15时～	17时
酉时：	17时～	19时
戌时：	19时～	21时
亥时：	21时～	23时

大家在和老人聊天时，是不是听他们说过"正午"或是"子正"啊？表示中午12时的"正午"一词源于表示11时到13时的"午时"；而表示晚上12时的"子正"一词源于表示23时到1时的"子时"。

1年有365天，1天有24小时……我们每天在同样长的时间里度过。不过，你知道吗？有这么一天要比平时多出1秒钟。迄今为止，这样的特殊日子竟然出现了27次。

下面，让我们一起来了解一下为什么会出现这样的事情。

在我们生活的世界上，有三种时间计量标准：以地球自转为准的"世界时"、以原子钟为准的"国际原子时"，以及协调世界时和原子时的"协调世界时"。我们目前所用的便是"协调世界时"。

协调世界时，又称世界统一时间、世界标准时间、国际协调时间，其简称由英文缩写 CUT 和法文缩写 TUC 组合成 UTC。

这套时间系统多用于网络，如网络时间协议就是协调世界时在互联网中的一种使用方式，在无线网络中代称"Zulu"，也会被称作"Zulu time"。协调世界时在军事中也用"Z"表示。

随着世界上最精确的钟表——原子钟的发明，人们发现地球的自转速度并不是完全不变的。同时，由于受太阳及月球的引力、海水及大气的循环、地震等地球内部剧烈活动、季节变换等各种复杂因素的影响，地球的公转速度也是有所变化的。

为了有效弥补波动的世界时与国际原子时之间的偏差，国际机构提出了"闰秒"的概念。所谓"闰秒"，是在世界时与国际原子时出现偏差时来增加1秒。一般来说，在12月、6月、3月及9月最后一天的最后一秒后会进行闰秒调整，也就是增加1秒钟。

例如，地球自转变慢，世界时也跟着变慢，而在国际原子时稍快一点的情况下，便会在国际原子时23时59分59秒的后面再增加1秒钟。按照一般的计时方法，59秒后便跳至0秒，但进行闰秒调整后，国际原子时便会按照59秒➜60秒➜0秒的顺序进行计时。

日常生活中，快一秒、慢一秒大家是感觉不出来的。闰秒的调整，对日常生活不会产生影响。到了闰秒这一天，我们的手机、计算机等会根据通信基站自动调整，校准时间。

对于某些行业来说，增加的这一秒却产生了很明显的影响。例如，1 秒钟飞船已经飞出 8 千米了，1 秒钟的偏差，就会产生距离的不准确性，会对科研和人员安全产生巨大的影响。

如果地球自转变快，那世界时也跟着变快，这样需要从国际原子时中减去 1 秒钟。不过，这样的情况至今未发生过。

最近一次增加 1 秒钟的情况发生在 2017 年 1 月 1 日，这也是 21 世纪出现的第五次闰秒。

当日期从 2016 年 12 月 31 日变更为 2017 年 1 月 1 日时，采用如下方式进行了闰秒的调整。

2016 年 12 月 31 日	23:59:59
2016 年 12 月 31 日	23:59:60
2017 年 1 月 1 日	00:00:00

不过，由于当前网络的发达，闰秒也引起了一些问题。在计算机的设定里，1 分钟只有 60 秒，无法进行 61 秒钟的运算，因此像银行、机场等要求标准时刻的地方需要不断调整系统。

时间作为一个系统内部的参数需要准确性和连续性，闰秒调整起到了修正和弥补作用。但是添加闰秒，许多计算机系统都无法识别"两个连续相同的秒数"。目前，有的公司开发了一种新技术，尝试添加毫秒，来逐渐解决这个问题。世界上各个国家对未来如何进行闰秒调整也是众说纷纭。

Quiz [小测验]

1. 挑出关于"闰秒"描述错误的选项。

A. "闰秒",是在世界时与国际原子时出现偏差时来增加 1 秒

B. 如果地球自转变快,需要从国际原子时中减去 1 秒钟

C. 计算机系统可以识别"两个连续相同的秒数"

2. 影响地球公转的因素不包括哪项?

A. 太阳及月球对地球的引力

B. 人们快速的生活节奏

C. 海水及大气循环、季节的更替

正确答案:1.C 2.B

33

测量

升和毫升的应用

容量及质量　　阅读日期　　　年　月　日

35

因此，为了准确表示容量大小以便进行对比，我们需要一些计量单位。

表示容量的单位
升（L），毫升（mL）

为了表示比升（L）单位更加精确的容量值，人们发明了毫升（mL）的计量单位。

妹妹！我量了一下要放的酱油量，是10毫升。

酱油

美乐，今天晚上我会给你做一份好吃的蔬菜汤！

酱油

昨天我放了10毫升的酱油，那汤真是太美味了！

真棒！

用计量单位来表示，真的好精确啊！

在我们的生活中，有哪些物品需要采用毫升（mL）和升（L）作为刻度单位呢?

采用毫升（mL）作为刻度单位的物品

采用升（L）作为刻度单位的物品

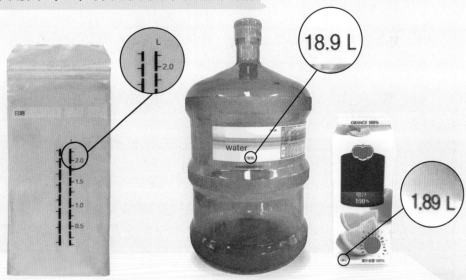

借人一升，收人一斗

这个谚语表示"给予了很少却得到了很多"的意思。

"升"和"斗"是我们的祖先过去所用的容量单位，1斗等于10升。

这个谚语也会被用作贬义或讽刺，来表示"企图通过隐瞒别人来谋求利益，反倒得不偿失"的意思。

耍一些小聪明，得到的作业反而更多了吧？

认识"升"和"斗"

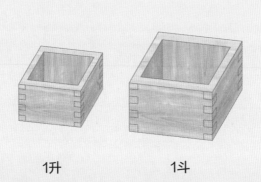

1升　　　1斗

我们的祖先一般用"勺""合""升""斗""石"这样的单位来表示粮食、液体的量及物体的容积。例如，我们现在用千克或克来表示大米的质量，而过去的人们一般用1石、2石这样的计量方式。

我们每天需要喝多少升水呢？

每天喝多少水才能对身体好呢？

大家有没有听人说过"每天必须喝够 2 升水"呢？

事实上，2 升的水对成人来说是正合适的。

人的身高和体重各有不同，散发的水分，也就是散发的水量也是不同的，因此，各人每天需要喝的水量也有所不同。水分摄取不足固然不好，过分饮用也会造成水中毒，从而引起身体不适，因此大家饮用的水量要恰当。

我身高 130 厘米，体重 30 千克，每天喝 1.6 升的水。

可以用饮料代替水吗？

口渴的时候，你一定想喝一杯冰凉的碳酸饮料吧！那喝可乐和喝水效果一样吗？可乐及大家疲倦时饮用的功能饮料中都含有咖啡因，这些咖啡因会让身体排出很多的水分，这些水分甚至超过了饮用的水量。因此，如果饮用了咖啡因饮料，需要饮用更多的水来进行补充。

常喝水，多喝水，远离便秘烦恼！

便秘一般是指排便不畅。大家有没有因排便不畅而饱受痛苦的经历呢？如果身体内水分不足，粪便经过肠道排出时会变得干硬。大家要常喝水、多喝水，这样才会远离便秘的烦恼。

测量

如何计算大地的面积?

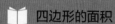四边形的面积　　　阅读日期　　　　　　年　月　日

很久之前,有个国王非常喜欢计算多边形的面积。

这个国王每天都用相同的方法进行计算,渐渐地,他有些厌烦了。

有一天,国王找出一块菱形的土地,宣布在如下所示的方法之外,能计算出这块土地面积的百姓可以得到大米的奖励。

百姓们想到的办法都有哪些呢?

国王的计算方法

菱形的面积 = 一条对角线的长 × 另外一条对角线的长 ÷2

在众多解题的百姓中，国王选取了用如下所示的方法解题的三个人，奖励了他们很多大米。接下来，我们一起来看一下这三个人的解题思路吧。

将菱形的一部分进行移动来计算面积

1.将菱形的一部分移动一下，变成长方形来计算面积。

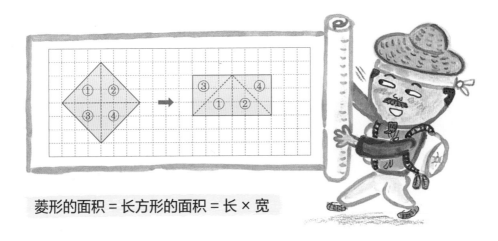

菱形的面积＝长方形的面积＝长×宽

2.将菱形的一部分移动一下，变成平行四边形来计算面积。

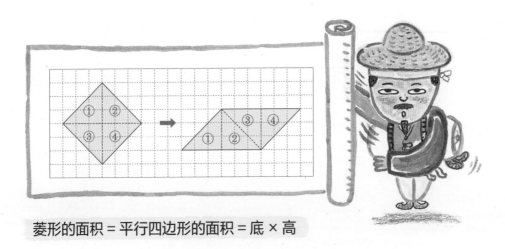

菱形的面积＝平行四边形的面积＝底×高

将菱形的一部分进行折叠来计算面积

1. 将菱形沿着对角线进行折叠，变成2个三角形来计算面积。

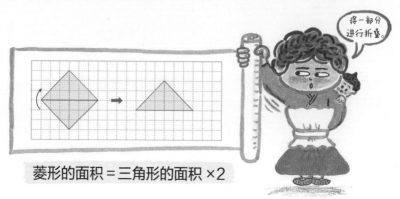

菱形的面积＝三角形的面积×2

2. 将菱形的四个顶点向菱形的中心位置进行折叠，变成2个重叠的四边形来计算面积。

菱形的面积＝四边形的面积×2

3. 将菱形沿着对角线进行折叠，然后再沿着另外一条对角线进行折叠，变成4个小三角形来计算面积。

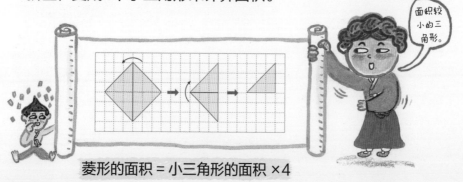

菱形的面积＝小三角形的面积×4

转化为菱形两倍面积的图形来计算面积

1. 先转化为原菱形两倍面积的大四边形，然后来计算面积。

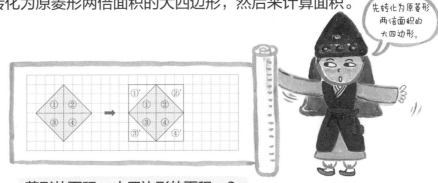

菱形的面积 = 大四边形的面积 ÷2

2. 先转化为原菱形两倍面积的大三角形，然后来计算面积。

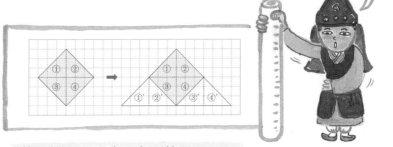

菱形的面积 = 大三角形的面积 ÷2

45

重新盖一座横截面为正方形的房子

村子里有一座如下图所示的横截面为正方形的房子。

房主打算新盖一座横截面为正方形的房子，新房面积是原房子的两倍。房子周围有如图所示的 4 棵大树，盖新房时，这 4 棵树不能被移动。而房主并不想盖二层小楼，也不想盖有地下一层的房子。请大家在空格里画一下要怎么盖新房吧！

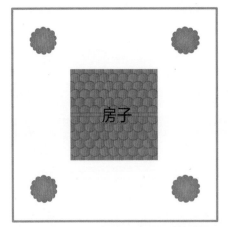 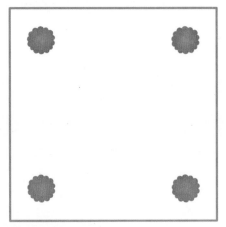

均分土地

从前，有 4 位王子从国王那里继承了大片的土地。如图所示，继承的土地上有 4 间房子和 4 个池塘。国王生前嘱咐他们要均分这些土地。那到底要如何划分，才能均分这些土地，还能让每人拥有 1 间房子和 1 个池塘呢？请大家涂一下颜色吧！

47

测量

1 计量单位里的约定

各种测量单位　　　　　阅读日期　　　　　年　　月　　日

什么是度量衡？

　　计量长短用的器具称为"度"，测定容积的器皿称为"量"，测量物体轻重的工具称为"衡"。此外，温度、角度、速度等也能被称为度量衡。最初，不同的国家、不同的地区，所用的度量衡也千差万别。随着世界各国之间的交流日益频繁，统一度量衡的需求越来越迫切。目前大部分的国家都在使用国际单位制。

度　量　衡

度

量

衡

测量单位是如何演变而来的?

我国古代的度量衡

测量在我国发展已久。据记载,黄帝时期就设置了"衡、量、度、亩、数"五量。禹在治理水患的过程中,还制作了准绳作为测量工具,建立了初步的度量衡制度。后来,秦统一了全国度量衡,对以后我国各个朝代的度量衡都有很深远的影响。

我国曾以市制单位为常用计量单位,如表示长度的单位有寸、尺,表示质量的单位有斤、两,表示面积的单位有亩。

1尺 ≈ 0.33 米
1斤 =500 克
1亩 ≈ 666.67 米^2

码磅法

码磅法是以英国和美国为中心使用的度量衡单位。

基本单位中，表示长度的有码，表示质量的有磅，表示时间的有秒，表示温度的有华氏度（℉）。另外，还有一些辅助单位，比如表示长度的英尺、英寸、英里，表示容积的加仑，表示质量的盎司等。

最初，英国和美国关于码的长度值有所不同，后于 1959 年经过协商达成了一致。

> 1 码 =0.914 4 米
> 1 磅 =0.453 5 千克

国际单位制出现之前的各种单位

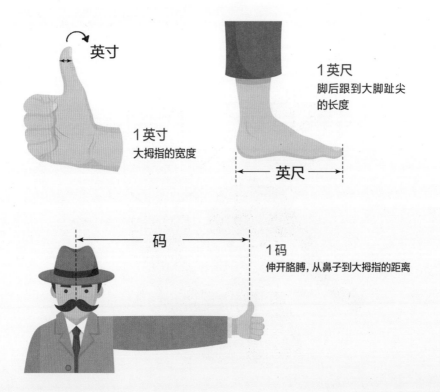

英寸

1 英尺
脚后跟到大脚趾尖的长度

1 英寸
大拇指的宽度

英尺

码

1 码
伸开胳膊，从鼻子到大拇指的距离

国际单位制

国际单位制出现于 18 世纪后期，创始于法国。

作为国际通用的计量制度，长度的基本单位为米（m），质量的基本单位为千克（kg），容量的基本单位为升（L）。

当时，法国强制使用国际单位制，而其他国家也在很长一段时间内做了很多努力来推广国际单位制。1967 年，使用国际单位制的国家超过了 70 个，由此，国际社会开始以国际单位制作为基础来制定世界通用标准。

我国现在使用国际单位制，确定国际单位制为我国的基本计量制度。

国际单位制中规定了各种计量单位，请你把相应的单位和类别连起来吧！

长度单位　　　　质量单位　　　　容量单位

升（L）　　　　米（m）　　　　千克（kg）

 活动　　我们学习了不同种类的测量单位，要学会正确使用测量单位，下面这些单位的使用对吗？

A. 小学生的平均身高是 1.2 厘米。　　　　（　　）

B. 时针转一圈经过的时间是 12 小时。　　　（　　）

C. 一本二年级数学课本的厚度是 8 厘米。　（　　）

D. 一袋大米的质量是 1 000 千克。　　　（　　）

正确答案：×√××

我们一起来做下面
的小练习吧！

1. 这是几点钟啊？请把对应的时间连起来。

12：07　　　　11：56　　　　5：00

2. 比一比，在○里填上"＞""＜"或"＝"。

70 厘米○700 毫米

5 千米○4 990 米

2 厘米○20 毫米

1 小时○60 分钟

半小时○35 分钟

2 天○45 小时

1 吨○1 000 千克

830 克○8.3 千克

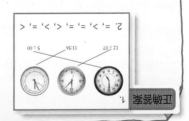

53

古人的容量单位有哪些？

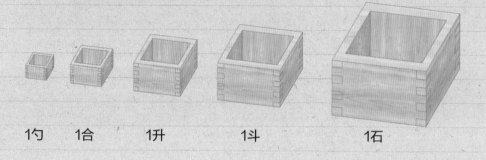

1勺　　1合　　1升　　1斗　　1石

　　我们的祖先一般用"勺""合""升""斗""石"这样的单位来表示粮食、液体的量及物体的容积。

　　采用升或斗等旧的容量单位来计量大米时，由于大米之间的空隙不同，因此每次计量的结果也不完全相同。如果摇晃一下升或斗，大米粒会压得紧实一些，那自然盛得就多一些。

　　因此，现在大家都用质量单位来计量大米，而不再采用容量单位。

美国的气温曾达到 "60度"？

对我们来说，气温超过 "30度"，就已经觉得非常炎热了，但是美国纽约的气象预报曾报道美国气温到了 "60度"，难道大家没有觉得这很不可思议吗？

表示温度的代表性单位有两个，一个是华氏度（℉），另一个是摄氏度（℃）。由于华氏度是首个被发明出来的温度单位，因此最初大家将华氏度用作世界标准单位。不过，随着国际单位制的推广和普及，后期被发明出来的摄氏度也被越来越多的国家广泛使用。尽管目前大部分的国家都在使用摄氏度，但是美国平时仍然沿用华氏度来进行表示。因此，美国纽约的气象预报中报道气温达到 "60度" 是华氏度的说法。

华氏度（℉）＝摄氏度（℃）×1.8+32

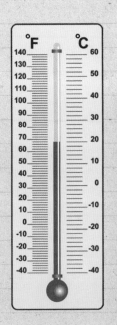

1 听说过圆周率 π 吗?

什么是圆周率?

圆周率是圆的周长与圆的直径之比。对于任何圆形来说,周长除以直径所得的数值,都是圆周率。据说,古希腊数学家厄拉多塞内斯首次测出了地球一周的长度。难道他也算出了地球的直径吗? 答案是"没有"。因为,如果要计算地球的直径,得需要圆周率的数值。人们用希腊字母"π"指代圆周率。

圆周率的精确值是多少呢?

π 的值约为 3.141 592 65…,是一个无限小数,因此我们一般使用约数。

π 的约数有 3、3.1、3.14 等,但在日常生活中一般采用 3.14。在分析一些数学概念时,如果不需要具体的数字,一般会直接用 π 来标记。

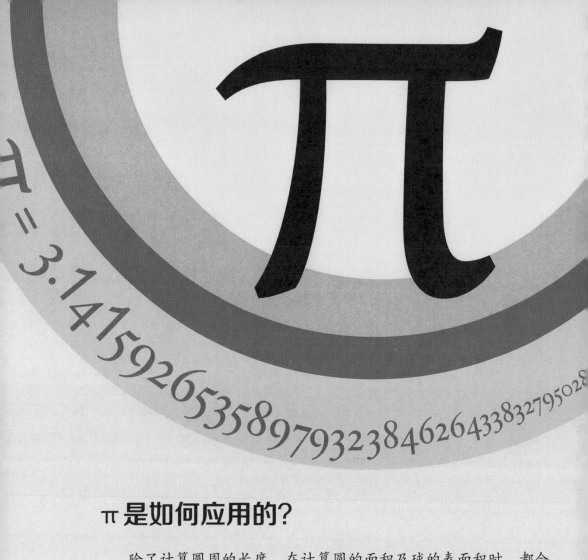

$\pi = 3.141592653589793238462643383279502\ldots$

π 是如何应用的?

除了计算圆周的长度,在计算圆的面积及球的表面积时,都会用到 π。此外,大家在理解圆周运动原理时,也会用到 π。如果不知道 π 的值,人们就发明不出罐头桶和汽车轮毂,也无法理解宇宙中行星的运动轨迹。时至今日,不管是飞机航线的计算,还是声波的分析,都离不开 π 的应用。

π 的历史

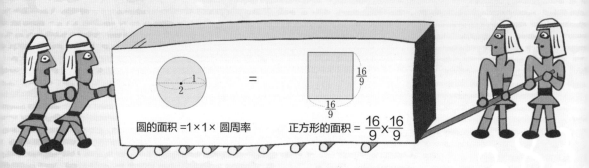

圆的面积 =1×1× 圆周率

正方形的面积 = $\frac{16}{9} \times \frac{16}{9}$

公元前 2 000 年

古埃及人认为 π 的值为 $\frac{256}{81}$，采用小数表示的话，约为 3.16。对这个数值来说，只有小数点后第一位和 π 的精确值是一致的。古埃及人认为直径为 2 的圆和边长为 $\frac{16}{9}$ 的正方形面积是相同的，由此计算出了 π 的值。

公元前 250 年

古希腊数学家阿基米德在圆的外侧和内侧分别画了一个正 96 边形，从而计算出 π 的值在 $3\frac{10}{71}$ 和 $3\frac{1}{7}$ 之间。和 π 的精确值相比，阿基米德得出的这个数值精确到了小数点后的两位。

阿基米德的方法

圆的内接正 96 边形的周长 ＜ 圆的周长 ＜ 圆的外切正 96 边形的周长

英国的天文学家约翰·马青发现了计算 π 的值的公式，通过该公式计算出了小数点后的 100 位数字。

日本数学家金田康正利用计算机，将 π 的精确值算到了小数点后第 1 兆 2 411 亿位的数字。

16 世纪	1706 年	1873 年	2005 年

德国的鲁道夫将 π 的值精确到了小数点后的 35 位。不过，令人遗憾的是，鲁道夫在将该数值著书立论之前便去世了。人们为了纪念他，将这个数值刻在了他的墓碑上。

英国数学家威廉·山克斯耗费了 15 年的光阴，将 π 的精确值算到小数点后的 707 位。不过，由于第 528 位的数字计算错误，因此后面的数字也都是错误的。

π 的故事

圆周率日

  圆周率日（Pi day），顾名思义，是纪念圆周率的日子。圆周率日是将圆周率的约数中，大家传统意义上用得最多的 3.14 作为标准，将日期定为了 3 月 14 日。一般来说，为了对应 3.141 59 这个数值，纪念活动会从下午1时59分开始。这一天，世界很多国家的大学的数学系都会举办纪念活动，比如吃一些派[*]，或者背一背圆周率。

  * 派：一种带馅儿的西式点心。

埃及金字塔的秘密

  埃及的金字塔应用了很多数学知识，其中就包含圆周率 π。例如胡夫金字塔，该金字塔底面的周长除以高度的 2 倍，得出的数值便是圆周率 π。有人认为，金字塔如此设计的缘由是用金字塔来代指地球，金字塔底面的周长代指地球的周长，而金字塔的高度代指地球的半径。

我们家电话号码的后四位就在 π 的值里面！

π 是无限不循环小数，数字没有规律，换句话说，任何一种数字的排列都可以在这个小数中被找到。因此，在 π 中，除了我们家的电话号码，妈妈的手机号、爸爸的手机号等全世界所有的电话号码都可能会被找到。

π 有专利权？

1897 年，美国印第安纳州差一点出台关于将 π 的值定为 3.2 的法案。州议会的人打算让全世界的人都使用这个数值，从而收取关于 π 的专利费。不过，就在这个法案通过之前，某个数学家提出了异议，认为这件事情很荒唐。最终，州议会才放弃了该法案的出台。

测量

物体表面积的计算

六面体的表面积及体积   阅读日期   年   月   日

六面体的表面积是 6 个面的面积之和。

如下图所示，先分别计算长方体和正方体 6 个面的面积，然后相加，便能计算出六面体的表面积。生活中有很多关于表面积测量和应用的例子，我们一起来了解一下吧!

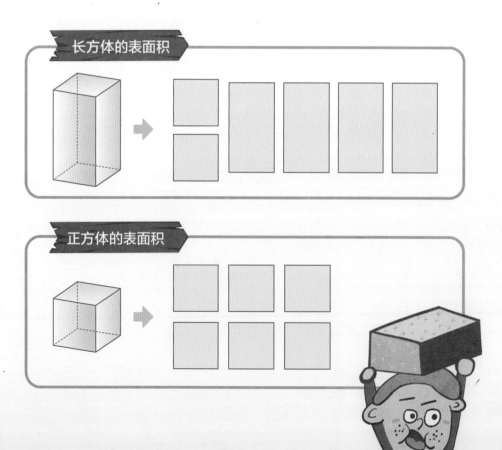

长方体的表面积

正方体的表面积

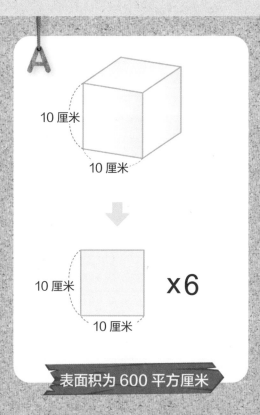

A

10 厘米
10 厘米

10 厘米
10 厘米
x6

B

5 厘米
5 厘米
5 厘米
10 厘米
5 厘米
10 厘米

10 厘米
5 厘米
5 厘米
5 厘米
x2
10 厘米

10 厘米
x3
10 厘米

5 厘米
x10
5 厘米

如上图所示，用同样大小的包装纸来包装体积相同的两个箱子A和B，如果包装纸与箱子A严丝合缝地包装起来，那么去包箱子B时，大家会发现，这张包装纸竟然不够用。事实上，大家比较一下两个箱子的表面积会发现，箱子A是600平方厘米，而箱子B是700平方厘米。

我们可以得出，即便物品的体积相同，如果其中一个物品的表面像箱子B那样不规则的话，那么这个物品的表面积就会大一些。

人类和有些动物，会根据环境的不同来调整身体的热量，从而维持正常的体温。身体的热量通过身体表面散发出去，身体表面积越大，热量散发会越快。体型越大，身体的整体表面积就越大，但表面积与体积之比却下降了。如下图所示，将正方体的边长全部变为原数值的2倍，表面积虽然变大了，但正方体表面积与体积之比却减少了。

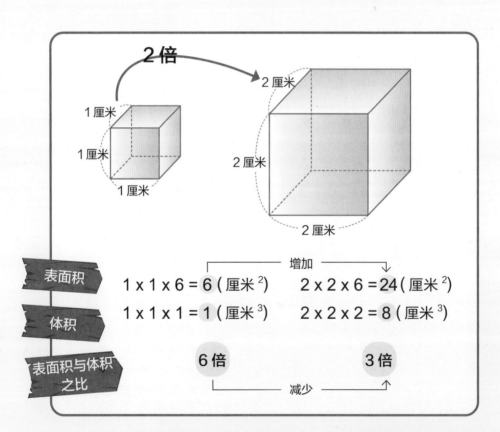

伯格曼法则

同一物种的动物在越冷的地方个体体积越大。

北极熊生活在极寒的北极地区，为了防止体内热量的散发，体型进化得很庞大，而单位体积对应的表面积却变得很小。反过来，马来熊生活在炎热的地区，为了尽可能避免体温上升，它们的体型都很小，单位体积对应的表面积相应地变大了。如此一来，生活在寒冷地区的动物体型越大越能轻松维持体温；而生活在炎热地区的动物体型越小越容易应对环境。不光是熊，相比起温暖的地区，生活在寒冷地区的动物要更庞大一些，这便是"伯格曼法则"。

作为人类来说，在某些程度上也是符合伯格曼法则的。北亚地区的人要比东南亚地区的人体型大一些，北欧的人要比南欧的人体型更大一些。

请大家回忆第 1 章内容，绘制一张关于测量的思维导图吧!

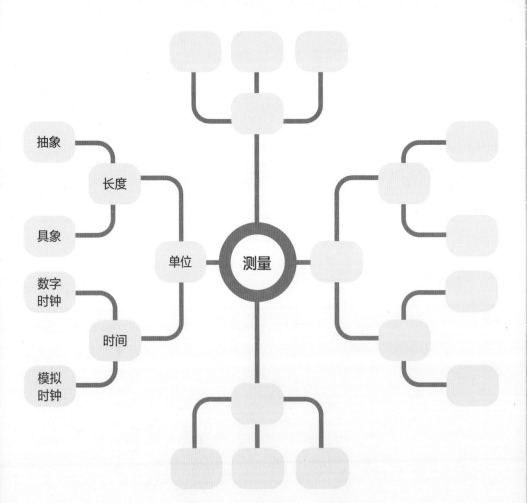

规则性·数据及可能性

发现生活中常见的数学规则

数学中有大量关于规则的法则，通过统计、计算再具体实施细则规范，我们称之为数学的规则性。

查找出来的资料，
如何展示效果更好呢？

越往高处走，空气中的含氧量越低；夏季用水越多，所需的水费越多。

在我们的日常生活中，很多事情都相互关联，而用来表示这些互相影响变化的两个事物之间关系的方式有很多种，其中表格便是可以让人一目了然的一种方式。

用表格表示两个事物的关系，可以很容易了解两者之间到底有什么关联，由此也能帮助大家推测未来会发生什么样的事情。

在第 2 章"规则性·数据及可能性"中，大家通过观察，了解其中的规则，通过资料的收集及分类整理，研究一下如何通过表格来进行数据统计吧！

暗号的历史

　　所谓暗号，是指为了保守秘密，彼此约定的符号。暗号一般采用文字或数字符号的形式表现，自从罗马时代起就被人们使用。在过去，暗号一般用于军队或与其他国家相关的事务，在如今的日常生活中，暗号也可以用作如网上银行等各种网络环境的密码。

　　下面，我们一起来了解一下暗号的演变历史吧！

古代

近代

现代

密码棒

在古希腊，文书记载着斯巴达人将密码棒用于军事上的信息传递。征战沙场的军人和驻守城内的军人分别有一根直径相同的棱柱形棍子，这根棍子就被称为"密码棒"。

▲ 密码棒

将一条长长的羊皮纸沿着密码棒从上到下进行螺旋形缠绕，然后在其中一面写上秘密信息。将羊皮纸取下，上面的信息会变得杂乱无章，让人很难理解。由于这条信息只有拥有同样密码棒的人才会发现，因此成为出征在外的军人和留守军人之间传递信息的密码。

恺撒密码

恺撒密码是罗马共和国军事统帅尤利乌斯·恺撒在军事行动中进行秘密对话时所用的暗号，是一种最简单且最广为人知的加密技术。他将每个字母逐一后推 3 个字母来替代，也就是用 D 代替 A，用 E 代替 B……依此类推。收到信息的人把每个字母再往前推 3 个字母进行拼读，便能理解传递的内容。

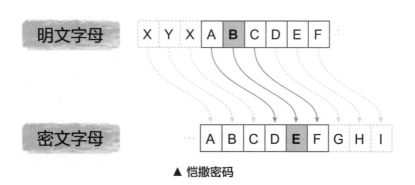

明文字母　X Y X A B C D E F

密文字母　A B C D E F G H I

▲ 恺撒密码

乐谱密码

　　乐谱密码是间谍玛塔·哈丽曾经使用的密码。第一次世界大战期间，玛塔·哈丽将法国的军事秘密传递给德国时，使用的便是乐谱密码。每个音符指代一个字母，将音符按顺序写下来，制成秘密文字，用来传递情报。乍一看是普通的乐谱，演奏出来则是一段很怪异的音乐。

▲ 玛塔·哈丽的乐谱密码

近代密码

经过第一次世界大战和第二次世界大战，密码的发明及破解变得越发重要，而关于密码的研究也日渐深入。

各种各样的密码中，德军曾使用的恩尼格玛（Enigma）密码格外出名。恩尼格玛是整个密码体系的名称，在德语中意思是"谜团"。恩尼格玛密码机与打字机很像，每个字母都可以变换出无数种排列组合。因此，如果一个单词由 10 个以上字母组成，那破解整个密码大约需要 1 年的时间。此外，每过 24 小时，单词字母的变换方式就会改变，如果 24 小时内破解不了密码，那么前面所破解出的内容也就毫无用处了。

◀ 恩尼格玛密码机

德军自认为他们的密码绝对不会被人破解，波兰却破解了这种密码。德军将密码机设计得更加复杂，也更换了密码，而波兰没有因此放弃，还将破解密码的方法告知了英国。

英国成立了名为 MI6（英国陆军情报六局，简称军情六处）的情报机构，专门进行密码的破解。英国数学家艾伦·图灵将恩尼格玛的信息及军队中常用的单词整合起来，研究破解之法，并发明了名为"图灵甜点（Turing Bombe）"的仪器。由此，这个大家认为永不会被破解的密码得以破解，英国也因此在对德战争中赢得了主动权。

英国破解了德国的密码，美国破解了日本的密码，最终英国和美国获得了战争的胜利。由此可以看出，在当时的战争中，对密码的破解研究是至关重要的。

现代密码

采用计算机进行处理的密码被称为现代密码。

1977 年美国开始使用标准密码运算法则，通过计算机通信网络来收发文件，通过电子信息进行金钱交易。由此，以金融系统为中心，普通大众也开始在日常生活中逐渐使用密码。

在过去，与战争相关的军人及间谍们在进行信息传递时，经常会用到密码。但在今天，我们登录网上账户时也会用到密码，密码一词在日常生活中随处可见。父母在使用信用卡或在银行 ATM 机（自动取款机）中进行金钱交易时，都会用到密码。

要不用智能手机来结算吧！

2 比率的秘密

比与比率　　　阅读日期　　　年　月　日

1. 打折的秘密

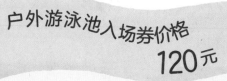
户外游泳池入场券价格
120元

★ 在打折 40% 的基础上再打折 10% 后的价格

打折 40% 的价格 $=120 \times \dfrac{40}{100} = 48$（元）

➡ 游泳池入场券价格 $=120-48=72$（元）

打折 10% 的价格 $=72 \times \dfrac{10}{100} = 7.2$（元）

➡ 再打折 10% 后的游泳池入场券价格 $=72-7.2=64.8$（元）

★ 打折 50% 的情况

打折 50% 的价格 =120 × $\frac{50}{100}$ =60（元）

游泳池入场券价格 =120-60=60（元）

TIP

百分率

表示一个数是另一个数的百分之几。$\frac{35}{100}$ 和 0.35 用百分率表示都是 35%，读作"百分之三十五"。

打折后的入场费是 84 元，那打折省下的费用便是 150-84=66（元）！

Quiz [小测验]

游乐园的入场费是 150 元，先打折 30%，然后在折后价格基础上再打折 20%，请问最终价格是在原价格基础上打折多少呢？

正确答案：44%

2. 速度的秘密

建议大家跑步的速度控制在
2米/秒～5米/秒。

爸爸，2米/秒
有多快?

2米/秒表示的是
速度，是指1秒钟
能跑2米的距离。

速度

速度是指单位时间内移动的距离，我们用速度来描述运动的
快慢。

日常生活中，常用千米/时作为速度单位。如汽车的速度约
为54千米/时，可换算为15米/秒。

3. 人口密度的秘密

大家看过人口分布图吧？有人将人口分布图和人口密度混为一谈，这是错误的。通过下面的学习你就会了解两者的区别。

人口分布和人口密度的区别

人口分布是采用图画或表格方式来标注某些地区住着多少人，而人口密度表示的是 1 平方千米面积的土地上生活的平均人口数量。我们通过中国和日本的例子来比较一下。

人口及人口密度

地区	人口	人口密度
中国	13.79 亿	144.3 人 / 千米^2
日本	1.27 亿	347.8 人 / 千米^2

· 中国人口密度比日本小，那么中国人口比日本少。（ X ）
· 中国的人口比日本更多，因此中国人口密度比日本大。（ X ）

这个城市好拥挤啊！
再见！
我们找个人口密度低
的地方吧！

TIP

人口密度

1 平方千米面积土地上生活的平均人口数量称为人口密度。

人口密度 = 人口数量 ÷ 面积

现实生活中应用比率概念的范例

① 做料理时

锅中放入 30% 的水。

② 表示棒球选手的
击球率时

本赛季最终击球率为 0.287

③ 表示经济增长率* 时

×× 国家今年的经济增长率是 3.3%。

* 经济增长率：指的是一段期间内国民生产总值的实际增长率，计算方法是用后期的经济指标，减去前期的经济指标，再除以前期的经济指标。

2 神奇的数字排列
——幻方

📖 幻方与数独游戏　　阅读日期　　　　　　年　　月　　日

大家有没有听过数字排列——幻方呢？在幻方中，"方"表示"四边形"，而"幻"表示"排列"的意思。因此，顾名思义，幻方便是"在四边形中进行排列"的意思。在九宫格中，从1开始按顺序写入数字，数字不能重复，也不能遗漏，横向、竖向及对角线上的数字之和都是一样的。

那幻方是什么时候发明的呢？幻方在古代又称"纵横图"，传说始于大禹时期。

8	3	4
1	5	9
6	7	2

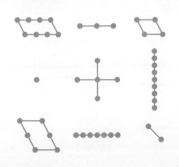

相传夏朝大禹在位时期，为防止黄河洪水泛滥，每一年都要进行河堤的修整工程。在一次修整施工中，人们从河中抓住了一只巨大的乌龟，乌龟壳上有一些神奇的斑纹。大禹对这些斑纹很是好奇，便吩咐人去研究这个乌龟壳上的斑纹。原来，这些斑纹是用一个个的点来表示 1～9 的数字，这些点分布在横向及竖向各自的 3 个位置，将这些点数加起来，横向、竖向及对角线上的和全部都是 15。

人们极其看重这个神奇的数字排列，认为其中蕴藏着宇宙的真理。这便是幻方的由来。

接下来，我们用数字 1～9 来完成一个三阶幻方吧！

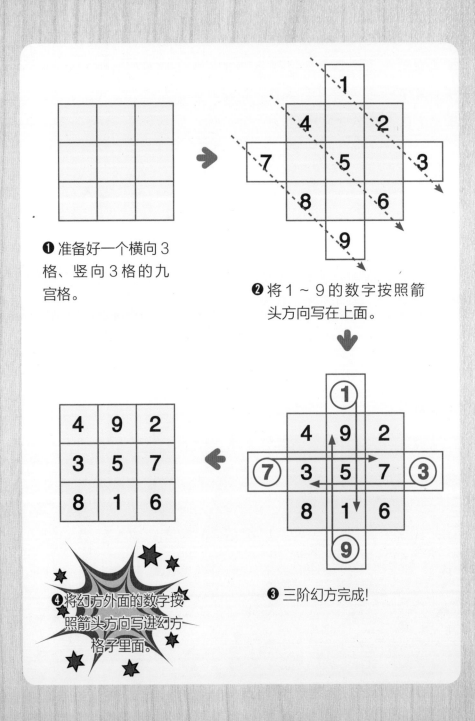

❶ 准备好一个横向 3 格、竖向 3 格的九宫格。

❷ 将 1～9 的数字按照箭头方向写在上面。

❸ 三阶幻方完成！

❹ 将幻方外面的数字按照箭头方向写进幻方格子里面。

幻方和数独游戏是一回事吗?

同样是在四边形格子里填数字的数独游戏,和幻方是一回事吗?

数独游戏起源于18世纪初瑞士数学家欧拉等人研究的拉丁方阵。20世纪70年代,人们在美国纽约的一本益智杂志上发现了这个游戏,后经日本谜语杂志的推介,逐渐成为人气旺盛的谜语游戏。数独游戏是在横向、竖向分别为9格,共计81格的正方形中,将1~9的数字,不能重复也不能遗漏地填进去的一种游戏。在由横向3格、竖向3格组成的小正方形中,数字1~9也是不能重复的。

		1				8	6	
9				8		4		
	3	4			5			7
			3	1	7		2	
	7						8	
	2			6	8			
7		2				3	9	
		6		7				2
	4	9			1			

▲ 数独游戏

2	5	7	1	4	3	8	6	9
9	6	1	7	8	2	4	3	5
8	3	4	6	9	5	2	1	7
4	9	8	3	1	7	5	2	6
6	7	3	5	2	4	9	8	1
1	2	5	9	6	8	7	4	3
7	1	2	8	5	6	3	9	4
3	8	6	4	7	9	1	5	2
5	4	9	2	3	1	6	7	8

在幻方中，正方形内横向及竖向的格子数是一样的，而格子内填写的数字，不管是横向、竖向还是对角线上，加起来的和都是一样的。

4	9	2
3	5	7
8	1	6

1	15	14	4
12	6	7	9
8	10	11	5
13	3	2	16

17	24	1	8	15
23	5	7	14	16
4	6	13	20	22
10	12	19	21	3
11	18	25	2	9

▲ 三阶幻方　　　▲ 四阶幻方　　　▲ 五阶幻方

因此，幻方和数独游戏的相同之处在于填入的数字都不能重复也不能遗漏，而不同之处在于幻方必须要考虑排列数字的相加之和。

　　数独游戏被称为聪明人的游戏，它可以千变万化，并且没有口诀去运算。

　　要完成一个数独游戏，需要人们对数字有较高的敏感度和逻辑推理能力，要开动脑筋，耐心地寻找突破口，逐行逐列分析，利用已出现的数字对同行、同列和同宫内其他格相同数字的排斥法则，逐一排除，最后得到与该空格相对应的唯一的答案。

　　接下来，我们也试着做一下吧！

	6	1		3			2	
	5				8	1		7
				7			3	4
		9			6		7	8
		3	2	7	9	5		
5	7		3			9		2
1	9		7	6				
8		2	4				6	
	4			1		2	5	

2 方便易懂的 柱形图

📖 柱形图　　　阅读日期 ⬭ 年　　月　　日 ⬭

普乐的班级计划下个月去进行现场体验学习。他们打算确定一个想去的人数最多的地方。

"同学们，我们今天要确定进行现场体验学习的地方。昨天，我已经问过所有人了吧？载石、俊河、亨敦想去游乐园，荷荷想去鲜花博览会，小淑和静秀想去博物馆，还有……那想去的人数最多的地方是哪里呢？"

听到普乐的问话，同学们都一脸茫然，很难算出各个地方到底都有几个人去。

"我想去游乐园。"

"游乐园没意思。6月当然是鲜花博览会最棒了！"

同学们纷纷大声吵嚷着自己想去的地方。顿时，教室里人声鼎沸。

普乐略加思考，开始在黑板上写了起来。

"先按照之前学过的，将想去的地方和人数整理一下，用表格表示出来；然后按照昨天数学课上学过的，用柱形图将表格表示出来！"

普乐快速地在黑板上画好柱形图，然后再次向同学们问道：

"同学们，我用柱形图将昨天的调查结果表示出来了，看来是想去游乐园的柱形图最高，也就是想去游乐园的人数最多，我们就去游乐园进行现场体验学习吧！"

　　"太好了!"

　　同学们看着普乐画的柱形图,纷纷点头表示赞同。其他想去别的地方的同学看着这个柱形图,也对大家的意愿有了认同。那些在数学课上认为柱形图枯燥无味的同学们也重新认识到,原来柱形图的使用是如此方便。

试一试吧！ 口 柱形图！

为了能使资料中的数值一目了然，大家常用的图表之一便是柱形图。一般的柱形图中，横轴表示调查的对象，而纵轴表示调查的结果，采用竖直的长方形来进行表示。不过，柱形图的长方形也有采用横向表示的。这种情况下，纵轴表示调查的对象，而横轴表示调查的结果。

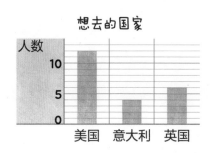

对于图表来说，大家需要根据资料的数量画很多个图表；但对于柱形图来说，大家只要画几条长方形即可，因此可以节省很多画图表的时间！

96

参考 现实生活中应用柱形图的范例

纵轴的刻度一般从 0 开始。

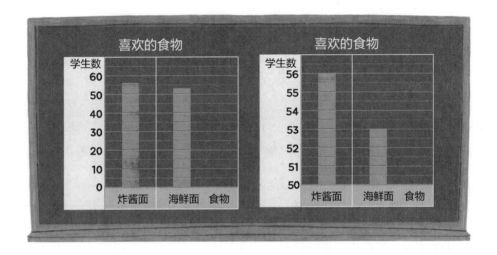

在左侧的图表中，喜欢炸酱面的学生数和喜欢海鲜面的学生数看起来差不多。而在右侧的图表中，看起来似乎喜欢炸酱面的学生数是喜欢海鲜面学生数的 2 倍。其实，喜欢炸酱面的学生为 56 人，而喜欢海鲜面的学生为 53 人，实际数量相差无几。

因此，右侧图表的画法容易造成一种错觉。对比一下这两个图表，大家可以看出：这两个图表的纵轴是不一样的。为了正确识别柱形图，纵轴的刻度一般从 0 开始。

2 折线图 一点也不难!

📖 **折线图**　　　阅读日期　　　年　　月　　日

　　美乐从学校回到家,不知怎么了,她连书包也没来得及摘下便无精打采地趴在了书桌上。不管别人怎么问她,她都不回答。没办法,小精灵悄悄钻进她的心里又飞了出来。

　　原来,美乐对数学课上学到的折线图没有完全理解,因为害羞,她没好意思向老师和同学寻求帮助。小精灵为了激发美乐的自信心,决定为美乐当一天数学老师。大家要不要跟着小精灵,一起走进折线图的世界呢?

折线图的各种范例

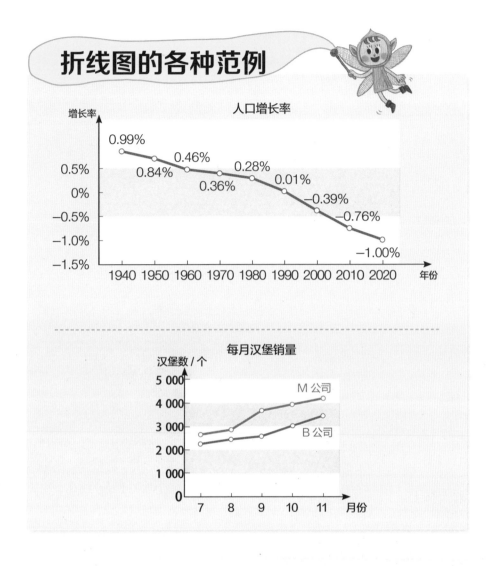

人口增长率

每月汉堡销量

大家在报纸或电视上见过类似的图表吗?

这便是折线图。

我们在统计数字随时间推移的变化情况时,经常会用到折线图。把变化的数量在坐标系中逐一用点表示出来,然后将这些点用线段连接起来,折线图就产生了。

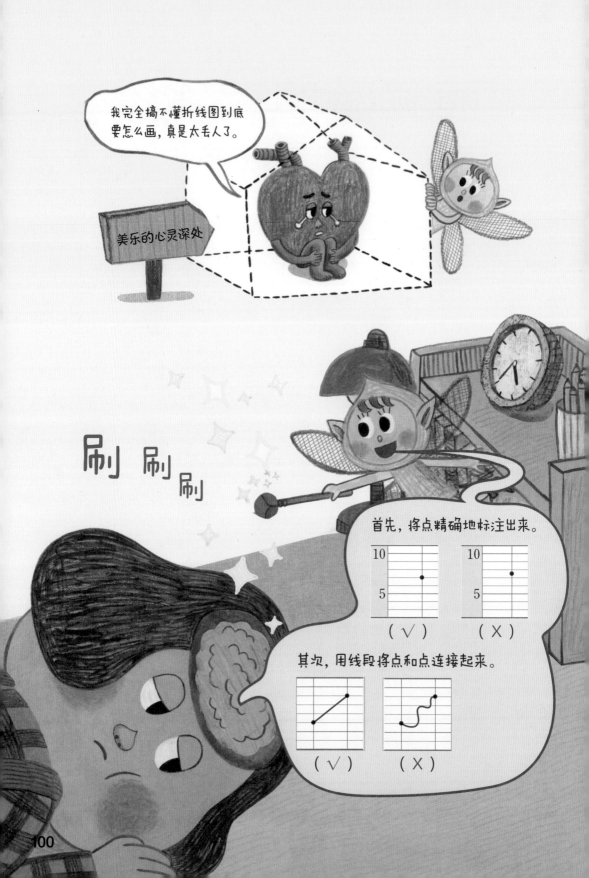

不光美乐，还有很多同学都认为折线图有一个部分很难理解。

那便是画折线图的时候，大家都分不清横轴和纵轴分别标注什么。

美乐一～四年级时的体重

年级	一	二	三	四
体重 / 千克	22	27	30	34

美乐一～四年级时的体重

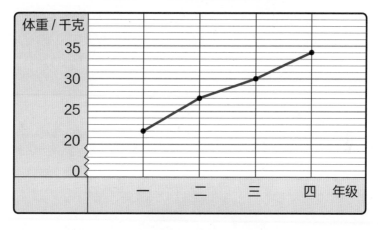

首先，大家要看一下图表的题目，弄明白这个图表表示的是什么内容。然后，在横轴写上与时间相关的内容，在纵轴写上随时间推移而变化的资料内容。例如，上面图表的题目为"美乐一～四年级时的体重"，那横轴便是与时间相关的"年级"，而纵轴便是随时间变化的"体重"。

横轴 → 时间

纵轴 ← 变化

最后，当大家根据资料内容，不知道到底是用柱形图来表示，还是用折线图来表示时，我来告诉大家应该怎么做。

柱形图是为了让人一眼就能看出资料数据的多少，与时间没有直接关系。

折线图是为了表示资料数据的变化，经常用来表示随时间而变化的身高、体重等内容。

嗯？我怎么有种突然变聪明了的感觉，怎么回事？

什么是收视率？

热播电视剧收视率最高超过 27.4%！

热播电视剧第 5 集中，男女主人公的精彩演出再一次刷新了最高收视率。

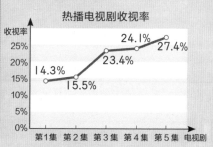

热播电视剧收视率

在电视剧或综艺节目播出后的第二天，一般都会有关于收视率的报道。收视率是指人们收看电视里某个特定节目的频率。如果 100 人中有 10 人看了某个节目，那这个节目的收视率便为 10%。收视率并不能统计所有的电视，只能统计那些安装了视听调查仪器的电视。这些仪器将数据输送至中央计算机系统，然后进行自动统计计算。在比较每一集的收视率时，一般都会用到折线图。

2 饼状图和条形图

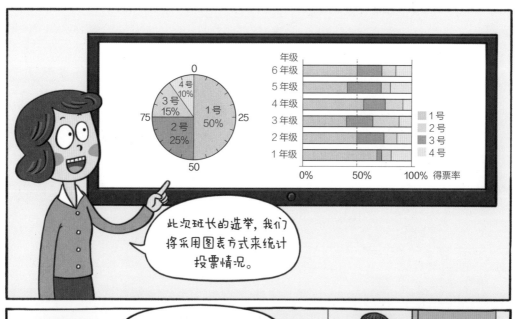

105

106

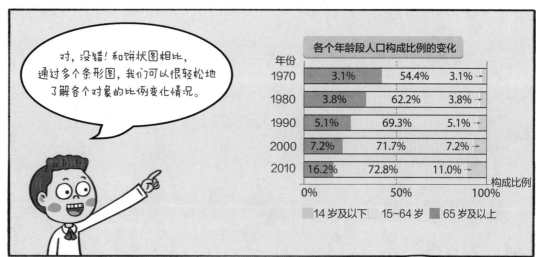

对，没错！和饼状图相比，通过多个条形图，我们可以很轻松地了解各个对象的比例变化情况。

各个年龄段人口构成比例的变化

年份	14 岁及以下	15~64 岁	65 岁及以上
1970	3.1%	54.4%	3.1% →
1980	3.8%	62.2%	3.8% →
1990	5.1%	69.3%	5.1% →
2000	7.2%	71.7%	7.2% →
2010	16.2%	72.8%	11.0% →

构成比例
0% 50% 100%

■ 14 岁及以下 15~64 岁 ■ 65 岁及以上

选举结果

终于出结果了。1 号普乐同学获得了全部票数的 50%，当选为班长！大家祝贺他！

0
4 号 10%
3 号 15%
1 号 50%
2 号 25%
75
25
50

1 号 普乐

非常感谢大家能选我，我一定会信守我的承诺。

祝 班长就职仪式 贺

数学课上，我们学习了计算平均数的方法，也学习了图表，那为什么要学习这些呢？

在我们生活的社会中，为了更好地理解各种现象，我们会用到"统计"。大家进行统计计算时，有时候会进行数据的平均数计算，有时候会用图表来表示调查的各种资料数据。

什么是统计呢？

所谓统计，是指为便于综合了解某一现象，根据一定体系逻辑用数字来进行表示的情况。

统计是用数字来表示整体的状况，因此记录某个人的身高、体重或脚的大小等都不能被称为统计。例如，记录各个年龄段的人口密度、选举投票率等这些与社会相关的情况，还有各地区的降雨量、每月空气质量指数等这些与自然相关的情况，这些才能称为统计。

统计情况可用柱形图表表现，柱形图是以长方形长度为变量的统计报告图，通常用于较小数据集分析。长条柱形图可以纵向排列，也可以横向排列。

　　运动会即将开始，老师要统计每个学生喜欢的运动，来决定学生报名项目。这就可以运用柱状统计图来表达，统计完后画出柱形图，直观地表现出来。

饼状图，又叫饼状统计图。用整个圆来表示总数，圆内根据不同部分的比重，用不同颜色进行区分。

饼状图的整个圆代表总数，可以看作100%，其中各个扇形表示部分数量占总数的百分之几，扇形面积和圆心角的角度成正比。

圆心角的角度 = 百分比 × 360°

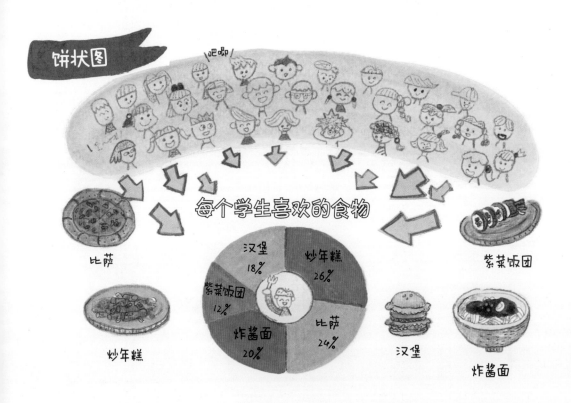

饼状图

每个学生喜欢的食物

比萨

炒年糕

汉堡 18%

紫菜饭团 12%

炒年糕 26%

炸酱面 20%

比萨 24%

紫菜饭团

汉堡

炸酱面

人口普查

人口普查是由一个国家统一制定的，在特定的时间节点上进行的人口数据调查。

我国人口普查是严格按照指令，对全国人口普遍地、逐户地进行的调查。人口普查属于国情调查，为我国科学治国和宏观决策提供了数据基础。

通过全国人口普查得到的数据可以反映人口自然特征，如年龄结构、男女比例、生育与死亡率；也可以体现我国的社会特征，如不同省份的人口数量、人口迁移、文化程度、宗教信仰等；同时还可以体现国家的经济特征，如就业情况，行业、房屋居住情况等。

收视率调查

　　电视的收视率是指一段时间内收看节目的人数占总人数的百分比。通过对收视率的调查和统计，可以科学地分析出节目收视率的情况，对后期节目制作、编排以及调整，都起到很重要的作用。

　　调查收视率时，可在一定量的观众中随机抽取，在选中的观众家中的电视机上安装专业的记录仪器，能够自动记录被调查者家中平时收看的电视节目及观看时间。研究机构再对这些数据进行分析，可以推断出收视率高的节目和时间段。

之所以调查收视率，是因为节目制作人想了解什么样的人喜欢这个节目以及喜欢的程度。另外，为了更好地出售节目中出现的广告，收视率也是非常重要的依据资料。

例如，某广告公司想在电视节目前插播一条手机广告，在对比两个节目时，如果其他条件都差不多，那他们会选择在那个收看人数更多，也就是收视率更高的节目前面进行广告插播。所以，广告的投放选择跟收视率的调查有密切的关系。收视率高的节目，更多观众能关注到插播在电视节目前的广告。收视率越高，广告的曝光率越高，投放广告的成本相对就高，电视台的收益才能提高。可见，做好收视率调查直接影响到电视台广告费的收益。

113

大数据（big data）

　　大数据是在数字环境下创造出来的数据信息，规模庞大且数量惊人。大数据和统计的不同之处在于，大数据不是由数字组成的表格或图表，而是由视频、语音、图片、位置信息等各种数据信息整合而成。

　　由于大数据数量非常庞大，单纯用统计方式很难进行破解，因此，需要不断地进行对有关数据有效利用的研究。

　　我们在社交网络中利用 GPS（全球定位系统）提供的位置信息、通过网上商城查询到的商品内容，全都含在大数据中。

大数据的应用范例

夜班公交车

　　夜班公交车是深夜专用公交车，运营时间一般是晚上11时到第二天凌晨5时。晚上和白天不同，乘坐公交车的人并不多。不过，因为有人加班到很晚才回家，或者上早班需要很早乘车出门，所以也会需要公交车。以乘坐人数多的地方和时间段为中心来安排公交车才会更有效率。

　　交通管理局为解决这个问题，便启用了大数据分析，对人们在乘坐公交车的时间段里，与通行量相关的大数据信息，以及出租车乘坐数据进行了调查。通过这些调查，交管局分析出了乘坐深夜专用公交车的人群常去的地址及时间段，制订了该公交车的路线及时间。深夜专用公交车为市民带来方便，也是大数据成功应用的范例。

Quiz [小测验]

小美和小宇发现了一些由密码写成的文字。他们需要根据这些文字，完成下面的密码表，宝物箱才能被打开。大家根据下图的提示来完成这个密码表吧！

| 7 | 1 | 2 | 21 | 5 |

➡ 宝物

| 20 | 4 | 1 | 13 | 15 | 22 | 4 |

➡ 箱子

| 17 | 5 | 4 | 7 | 3 | 4 |

➡ 会被

| 11 | 1 | 16 | 1 | 4 | 11 | 3 |

➡ 打开的

★密码表

1	2	3	4	5	6	7	8	9	10	11	12
	o								f	d	t

13	14	15	16	17	18	19	20	21	22	23	24
n	l				j		x		z	c	

117

绘制思维导图

请大家回忆第 2 章内容，绘制一张与数据及可能性相关的思维导图吧！

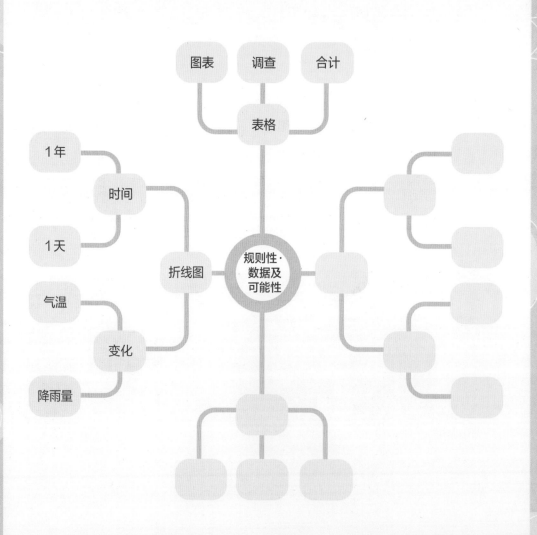

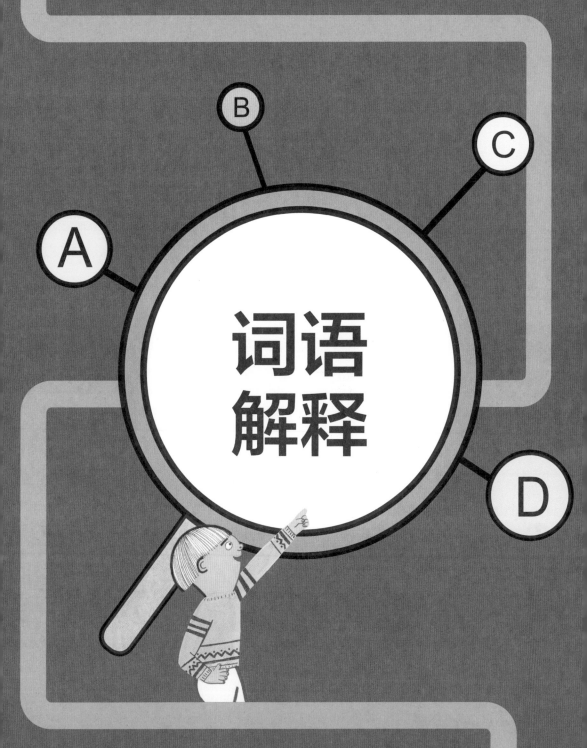

词语
解释

容积   第 36 页

油桶、仓库等所能容纳物体的体积

毫升   第 36 页

表示容积的单位，符号为 mL

升   第 36 页

表示容积的单位，符号为 L

面积   第 42 页

图形、物品、场所等平面图形的大小

国际单位制   第 51 页

作为国际通用的计量制度，简称 SI，
长度的基本单位为米（m），质量的基
本单位为千克（kg），容量的基本单位
为升（L）

千克   第 51 页

表示质量的单位，符号为 kg，1kg 等于
1 000 g

圆周率   第 56 页

圆周长与直径之比。符号为 π，读作
"pai"

表面积   第 62 页

在立体图形中，表面看到的所有面的面
积之和

体积   第 64 页

立体图形或物体在空间中所占的大小

百分率   第 82 页

百分率表示一个数是另一个数的百分之
几，也叫作百分数或百分比

幻方   第 86 页

在横向、竖向各为 3 格的九宫格中，将
数字 1 到 9 填进去，数字不能重复也不
能遗漏，且横向、竖向及对角线上的数
字之和都是一样的表格

8	3	4
1	5	9
6	7	2

条形图   第 105 页

将各部分占整体的比例采用条状图形表
示的图表

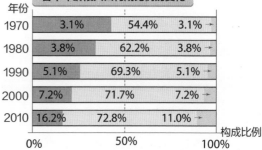

饼状图   第 110 页

用圆内各个扇形的大小来表示各个部分
所占比例的图表

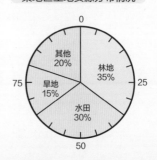

这就是数学

数字和运算

介于童书　编著

江苏凤凰科学技术出版社 · 南京

图书在版编目（CIP）数据

这就是数学 . 数字和运算 / 介于童书编著 . —南京：
江苏凤凰科学技术出版社 , 2020.12（2021.10 重印）

ISBN 978-7-5537-9344-3

Ⅰ . ①这… Ⅱ . ①介… Ⅲ . ①数学 – 少儿读物 Ⅳ .
① O1–49

中国版本图书馆 CIP 数据核字 (2020) 第 202133 号

这就是数学 数字和运算

编 著	介于童书
责 任 编 辑	祝 萍
责 任 校 对	仲 敏
责 任 监 制	方 晨

出 版 发 行	江苏凤凰科学技术出版社
出 版 社 地 址	南京市湖南路 1 号 A 楼，邮编：210009
出 版 社 网 址	http://www.pspress.cn
印 刷	北京博海升彩色印刷有限公司

开 本	718 mm × 1 000 mm 1/16
印 张	22.5
字 数	47 000
版 次	2020 年 12 月第 1 版
印 次	2021 年 10 月第 4 次印刷

标 准 书 号	ISBN 978-7-5537-9344-3
定 价	108.00 元（全 3 册）

图书如有印装质量问题，可随时向我社印务部调换。

目录

本书的特点   4

第1章 数字

数字的含义及蕴含的寓意

阿拉伯数字	8
其他数字	16
数字的读法	20
小小数字,大大寓意	24
世上最大的数字是多少?	30
绘制思维导图	32

第2章 数学运算

有趣的数学运算

逃出恐怖屋	34
走,去喜马拉雅	42
除法运算 Bingo	48
埃及分数	52

乘法运算	56
有趣的数字——0	62
数学符号是如何产生的?	70
不用九九乘法表,也能做乘法	76
问问斯蒂文先生吧!	84
埃及的除法运算	92
关于约数及亲和数的有趣故事	96
丢番图的墓碑	102
今天,我是家里的大厨!	106
小数的重要性	112
寻找宝物箱里的信件!	114
绘制思维导图	118
词语解释	119

深入浅出的知识讲解

讲历史，了解数字的起源和寓意；去探险，掌握基本的加减和乘除；
玩游戏，发现别样的算法和应用；做研究，知道有趣的分数和小数。

形式多样的版块设计

漫画

游戏

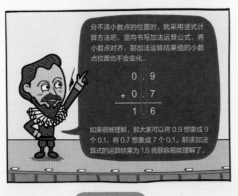

图解

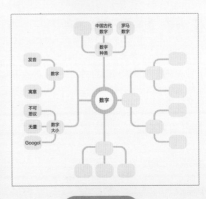

思维导图

第1章

数字

数字的含义及蕴含的寓意

数字是人类用来计数的符号，是人们在生产和实践中逐步创造出来的。数字不单单表示数目，还蕴含着丰富的寓意。

我们为什么需要很多数字呢？

　　人类在进行计数或记录物品个数的活动时，首先用到的数字便是自然数，也就是指零和大于零的整数。在计算或交换粮食、家畜时，人类会用到这样的数字，有时也会用手指或脚趾来表示。

　　随着文明的发展，数字逐渐被人们广泛地运用到生活中，在粮食的分配或农地的测量活动中都起到了很大的作用，方便了人们的生产生活。

　　通过对本章的学习，我们来了解一下数字。

1 数字
阿拉伯数字

　　很久很久以前，人们在计算动物数量、记录日期时，普遍使用的计数工具都是手指或脚趾。随着时间的推移，人们逐渐采用摆列小石子或在动物骨骼上划斜线的方式来计算物品的数量。

你知道阿拉伯数字吗？

一提到数字，我们立马就能想到0、1、2、3、4、5、6、7、8、9，对吧？

我们把这些耳熟能详的数字称作"阿拉伯数字"。

为什么 这些数字被称为"阿拉伯数字"呢？

据称，阿拉伯数字起源于印度，这些数字是由阿拉伯人传播开的，因此被称为"阿拉伯数字"。

阿拉伯数字仅有10个，但通过不同的组合，可以变幻出无数个数字，且便于进行加减运算。不过在欧洲，阿拉伯数字并没有快速被众人认可并应用。

10

和阿拉伯数字

在欧洲，有人 专门从事 算数的职业，因此，普通大众都认为阿拉伯数字与自己 无关 。

阿拉伯数字
的传播

随着经济的发展，印度次大陆北部地区的学者用符号代替了原始的计数方法，这也是阿拉伯数字最早的形态。

公元3世纪，古印度数学家巴格达发明了阿拉伯数字。阿拉伯人到达印度，学习了这种简单又容易记录的数字，并且把阿拉伯数字传回了阿拉伯。

由于阿拉伯人的传播，阿拉伯数字被传到欧洲。随着文化互相融合、相互影响，欧洲人也潜移默化地在生活中逐渐开始使用阿拉伯数字。

明清时期，我国学者翻译西方的数学著作，把阿拉伯数字称作"汉字数字"。到了光绪元年，才引进了阿拉伯数字。

阿拉伯数字的计数方法既简单又方便，其优势远远超过其他的方法。阿拉伯数字演算起来很便利，学者们愿意接受这种简便的方法，各地的商人也乐于采用这种方法做生意。

随着历史的发展，阿拉伯数字在各国流行起来。

　　阿拉伯商人活跃于亚洲、欧洲和非洲三大洲，大规模的商业贸易需要更简单的计数方法和十进位计算法。阿拉伯商人成为阿拉伯数字最好的传播者。

人们为什么选择使用阿拉伯数字？②

数学家斐波那契

　　斐波那契是意大利的数学家。斐波那契的父亲曾经在北非一个名为布吉亚（Bugia，今阿尔及利亚贝贾亚）的城市里工作，那里的人们最常用的便是阿拉伯数字。在那里，斐波那契使用阿拉伯数字来学习数学，他意识到，用阿拉伯数字来计算要远比罗马数字更简单。

回到意大利的斐波那契写了一本《计算之书》，书里用阿拉伯数字记载了加法、减法、乘法、除法的计算方法。这本书对意大利和其他国家都产生了深远的影响，可以说为阿拉伯数字的推广和普及立下了汗马功劳。

阿拉伯数字的演变过程

计算之书

终于完成啦！

哇！
恭喜恭喜！

巴比伦数字

　　下图中的符号也被称为数字，这些数字正是古巴比伦人曾经使用的"巴比伦数字"。

　　巴比伦数字是采用 𒁹 和 𒌋 两个符号来表示数字的。据称，这两个符号是根据钉子和楔子的模样画出来的。巴比伦数字中没有 0，因此在表示数字时经常会混淆。由于巴比伦数字没有规定空格的大小，因此每个人的写法也都不一样。

𒁹 1	𒌋𒁹 11	𒌋𒌋𒁹 21	𒌍𒁹 31	𒐏𒁹 41	𒐐𒁹 51
𒁹𒁹 2	𒌋𒁹𒁹 12	𒌋𒌋𒁹𒁹 22	𒌍𒁹𒁹 32	𒐏𒁹𒁹 42	𒐐𒁹𒁹 52
𒁹𒁹𒁹 3	𒌋𒁹𒁹𒁹 13	𒌋𒌋𒁹𒁹𒁹 23	𒌍𒁹𒁹𒁹 33	𒐏𒁹𒁹𒁹 43	𒐐𒁹𒁹𒁹 53
𒁹𒁹𒁹𒁹 4	𒌋𒁹𒁹𒁹𒁹 14	𒌋𒌋𒁹𒁹𒁹𒁹 24	𒌍𒁹𒁹𒁹𒁹 34	𒐏𒁹𒁹𒁹𒁹 44	𒐐𒁹𒁹𒁹𒁹 54
𒁹𒁹𒁹𒁹𒁹 5	𒌋𒁹𒁹𒁹𒁹𒁹 15	𒌋𒌋𒁹𒁹𒁹𒁹𒁹 25	𒌍𒁹𒁹𒁹𒁹𒁹 35	𒐏𒁹𒁹𒁹𒁹𒁹 45	𒐐𒁹𒁹𒁹𒁹𒁹 55
𒁹𒁹𒁹𒁹𒁹𒁹 6	𒌋𒁹𒁹𒁹𒁹𒁹𒁹 16	𒌋𒌋𒁹𒁹𒁹𒁹𒁹𒁹 26	𒌍𒁹𒁹𒁹𒁹𒁹𒁹 36	𒐏𒁹𒁹𒁹𒁹𒁹𒁹 46	𒐐𒁹𒁹𒁹𒁹𒁹𒁹 56
𒁹𒁹𒁹𒁹𒁹𒁹𒁹 7	𒌋𒁹𒁹𒁹𒁹𒁹𒁹𒁹 17	𒌋𒌋𒁹𒁹𒁹𒁹𒁹𒁹𒁹 27	𒌍𒁹𒁹𒁹𒁹𒁹𒁹𒁹 37	𒐏𒁹𒁹𒁹𒁹𒁹𒁹𒁹 47	𒐐𒁹𒁹𒁹𒁹𒁹𒁹𒁹 57
𒁹𒁹𒁹𒁹𒁹𒁹𒁹𒁹 8	𒌋𒁹𒁹𒁹𒁹𒁹𒁹𒁹𒁹 18	𒌋𒌋𒁹𒁹𒁹𒁹𒁹𒁹𒁹𒁹 28	𒌍𒁹𒁹𒁹𒁹𒁹𒁹𒁹𒁹 38	𒐏𒁹𒁹𒁹𒁹𒁹𒁹𒁹𒁹 48	𒐐𒁹𒁹𒁹𒁹𒁹𒁹𒁹𒁹 58
𒁹𒁹𒁹𒁹𒁹𒁹𒁹𒁹𒁹 9	𒌋𒁹𒁹𒁹𒁹𒁹𒁹𒁹𒁹𒁹 19	𒌋𒌋𒁹𒁹𒁹𒁹𒁹𒁹𒁹𒁹𒁹 29	𒌍𒁹𒁹𒁹𒁹𒁹𒁹𒁹𒁹𒁹 39	𒐏𒁹𒁹𒁹𒁹𒁹𒁹𒁹𒁹𒁹 49	𒐐𒁹𒁹𒁹𒁹𒁹𒁹𒁹𒁹𒁹 59
𒌋 10	𒌋𒌋 20	𒌍 30	𒐏 40	𒐐 50	𒐖 60

中国古代数字

在我国古代，数字一般用小棍来表示，把用竹子或骨头制成的小棍横放或竖放进行运算，这些小棍称为"算筹"。不过，只有在运算时才使用这种小棍，在书写数字时则用汉字来表示。

1	2	3	4	5	6	7	8	9
丨	丨丨	丨丨丨	丨丨丨丨	丨丨丨丨丨	⊤	⊤	⊤	⊤
一	二	三	四	五	六	七	八	九

哇！

用小棍来进行运算，真是太好玩啦！

哇！

罗马数字

大家见过如左图所示的钟表吗？里面的数字符号是不是和我们常用的数字有所不同呢？左图钟表中所用的数字符号便是罗马数字。罗马数字是古罗马人曾使用的数字，与阿拉伯数字的不同之处在于罗马数字没有位数。

阿拉伯数字	1	2	3	4	5	6	7	8	9	10
罗马数字	I	II	III	IV	V	VI	VII	VIII	IX	X

Ⅰ、Ⅱ、Ⅲ表示棍子的个数；Ⅴ表示手掌打开时拇指和食指形成的Ⅴ字模样，也可以表示将Ⅹ对半切开的模样；Ⅹ表示10根棍子捆起来的模样。

日常生活中，相比起罗马数字来说，人们更常用阿拉伯数字，但在有些钟表或书籍的目录中仍然沿用罗马数字。

阿拉伯数字	20	30	40	50	60	70	80	90	100
罗马数字	XX	XXX	XL	L	LX	LXX	LXXX	XC	C

在罗马数字中，像Ⅳ、Ⅵ这样将两个符号拼在一起组成的数字，里面蕴含着很有趣的规则。

6、7、8分别是用罗马数字Ⅴ和Ⅰ、Ⅱ、Ⅲ相加组合而成的；4和9则是用罗马数字Ⅴ、Ⅹ和Ⅰ相减组合而成的。用这样的方法，可以组合出更加复杂的数字。

Ⅵ（6）＝Ⅴ（5）＋Ⅰ（1）
Ⅶ（7）＝Ⅴ（5）＋Ⅱ（2）
Ⅷ（8）＝Ⅴ（5）＋Ⅲ（3）

Ⅳ（4）＝Ⅴ（5）－Ⅰ（1）
Ⅸ（9）＝Ⅹ（10）－Ⅰ（1）

　　我们学会了使用阿拉伯数字表示数量，也学会了0~9的读法，那么你知道23、68这样的数字怎样读吗？让我们一起来了解数字的读法吧！

妈妈，我的体重是一七零。

噢！看来妈妈得亲自出马教你们数字的读法了！

我有两个四根彩笔。

读两位数时，要分清十位数字和个位数字，如27的十位数字是2，个位数字是7。十位数字是几，代表有几个10，读作几十。那么27就读作"二十七"。

果汁有18瓶。
果汁有十八瓶。

土豆有57个。
土豆有五十七个。

数字

小小数字，大大寓意

📖 数字的寓意　　　　阅读日期　　　　　　年　月　日

　　大家肯定听过"幸运数字"的说法吧？在很久之前，人们就认为数字里蕴含着特殊的意义。包括我国在内的很多国家，都有一些大家认为吉祥或者不吉祥的数字，我们一起来了解一下吧！

加油！加油！合体！

加油！合体！

  我国很多人认为3是个吉祥的数字，也代表着最高、最终、好兆头等含义。例如"福禄寿三星""三阳开泰"等词语，都对3的美好寓意做出了诠释。

  在韩国，人们将数字3作为幸运数字。数字3是由数字1和2相加而成的，寓意着融合、发展。

  俄罗斯人也喜欢数字3，因此，他们在打招呼亲吻对方时，会亲三下，给别人送花时，也会送三朵。

在我国，数字8和表示"发财"的"发"字发音很相似。因此，中国人一般都相信数字8能招财进宝，并将其奉为幸运数字。

在西方，7是幸运数字，一个星期共有七天，7代表休息日。彩虹有七种颜色，音符一共有七个。7代表了和谐与完整，所以也象征事情圆圆满满。

泰国人将数字9作为幸运数字。因为在泰语中，数字9的发音和表示"发展、进步"的词语发音很相似，他们认为数字9寓意着更上一层楼。

　　9是单数中最大的数字，象征着极限，在我国9也被认为是吉祥之数。9的谐音同"久"，被赋予了长久的美好寓意，如词语"平安久久""天长地久"等，都是通过9的谐音，表达了人们对美好生活的一种期盼。

大家听说过"13号星期五"吗？西方人将数字13看作不祥的数字。背叛耶稣的犹大正是耶稣的第13个门徒，因此人们便认为13是不吉利的数字。北欧神话里，当12位天神举办庆典时，未曾获邀的火与诡计之神——洛基（Loki）作为第13个到场之人搞砸了整个宴会现场。由此，很多人认为13是个不吉利的数字。

意大利人认为数字17是不吉利的数字。按照罗马数字的标记方式，数字17应为XVII。如果混淆了该数字字母的顺序，变为"VIXI"的话，拉丁语中表示"曾经活过"，也就意味着"现在死了"。因此，意大利人都认为数字17是不祥的数字。

1 世上最大的数字是多少？

📖 大数　　　　阅读日期　　　　　　　年　　月　　日

我们曾学过生活中有万、十万、百万、千万这样较大的数字单位。但是还存在比这些数更大的数字。

我们一起来了解一下都有哪些大数吧！

"不可思议"和"无量大数"

　　"不可思议"是一个成语，一般用来形容"超出人们的想象"。但是，你知道吗？"不可思议"还可以用来表示数字单位。

　　元代数学家朱世杰所著《算学启蒙》中，首次记载了"不可思议"这个数字单位，用来代指数字 10^{64}。

　　《算学启蒙》中还记载了很多"大数"的数字单位，比如，"不可思议"的 10 000 倍被称作"无量大数"。如果用数字表示"无量大数"，即为数字 10^{68}，也被称为"无量数"。

数	个	十	百	千	万	……	恒河沙	阿僧祇	那由他	不可思议	无量大数
10^n	10^0	10^1	10^2	10^3	10^4	……	10^{52}	10^{56}	10^{60}	10^{64}	10^{68}

比无量大数更大的数——Googol

　　英语单词中的"Googol"是比无量大数还要大的数字。

　　Googol 是表示数字 10^{100}，在 1 后面有 100 个 0，一般读作"古戈尔"。

　　你知道网络搜索引擎谷歌（Google）吗？据说，最初谷歌公司计划将公司命名为 Googol，寓意着公司也像 Googol 一样整合大数据资源。不过，因为拼写失误，错写成了 Google，这才有了我们今天所熟知的谷歌。

绘制思维导图

请大家回忆第 1 章内容，绘制一张关于数字的思维导图吧！

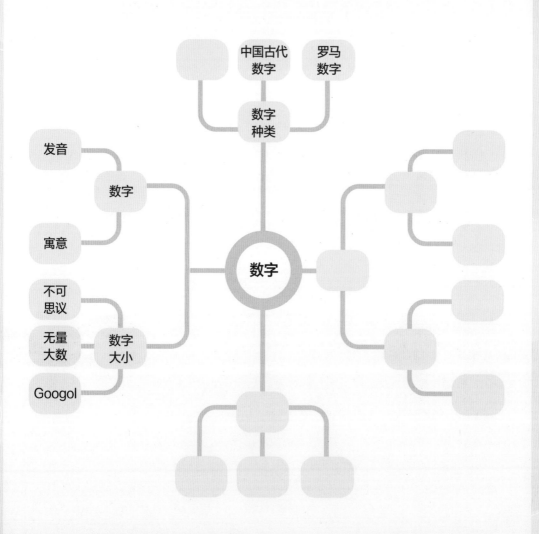

第 2 章

数学运算

有趣的数学运算

　　数学是青少年课程学习的必修课，具有十分重要的意义。我们运用漫画的形式，诠释了数学课堂中容易出现的运算错误问题，与实际生活相结合，为读者提供了切身体验的实例，将枯燥的数学变得妙趣横生。

2 逃出恐怖屋

📖 加法　　　　阅读日期　　　　　　年　　月　　日

　　放假了，普乐和朋友们一起来到主题乐园。

　　主题乐园里有个恐怖屋，大家必须回答出怪兽们提出的问题，才能从里面逃出来。

　　一进入主题乐园，看到那些长得奇形怪状的怪兽们的塑像，大家都吃惊得瞪大了眼睛。

"普乐，我想去恐怖屋看看怪兽长什么样子！"

"听说，如果回答不出里面每个房间的怪兽提出的问题，就逃不出来了……"

"别担心！'三个臭皮匠，赛过诸葛亮。'我们三个一起去，什么问题都难不住我们！"

普乐安慰着害怕的美娜，说完，他自信满满地抬脚走进了恐怖屋。

他们走进第一间屋子，发现有个草绿色的怪兽正等着他们。如果他们解答不出怪兽提出的问题，他们便无法再去第二间屋子。

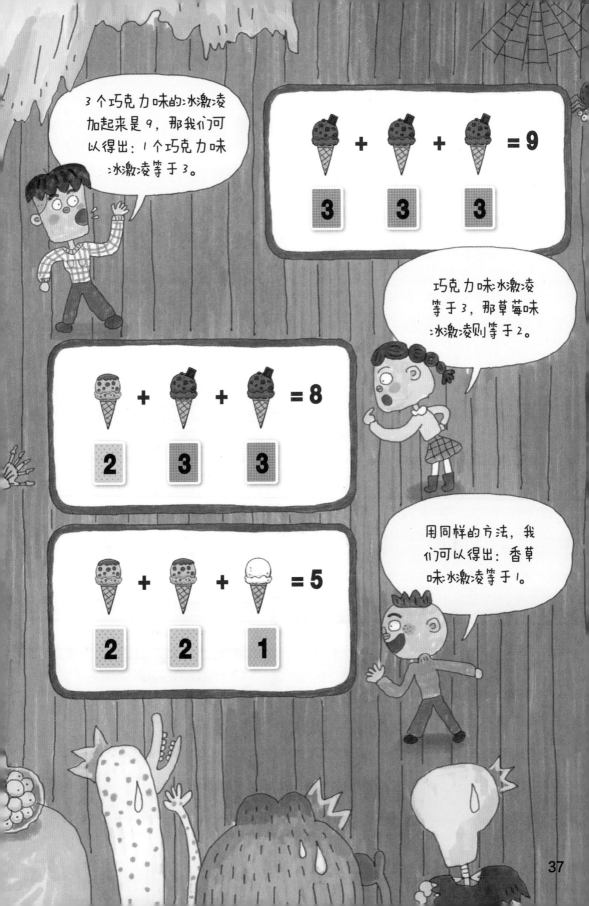

37

普乐和朋友们很轻松地解出了草绿色怪兽提出的问题，接着，他们来到了第二间屋子。"眼前这个直勾勾地看着我们的东西，不正是我们只在电视里见到过的怪兽吗？"普乐心想。果不其然，这个怪兽也警告他们："如果你们回答不上来，就再也出不去了。"

39

　　看到他们三个人如此轻而易举地就将问题解答出来，怪兽们都大吃一惊。

　　怪兽们原本打算，如果普乐和他的朋友们解不出答案来，就将他们困在恐怖屋。结果没想到，普乐和朋友们这么厉害，怪兽们的计划成了泡影。普乐和朋友们开开心心地离开了恐怖屋，一起前往别的游乐设施游玩啦。

Quiz [小测验]

1. 计算一下拐杖代指的数字。

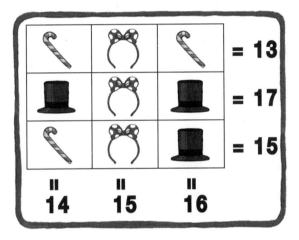

= 13

= 17

= 15

|| 14 || 15 || 16

2. 计算一下爆米花代指的数字。

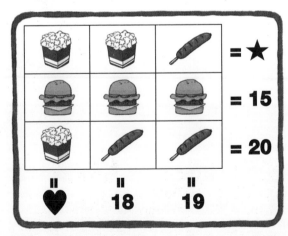

= ★

= 15

= 20

|| ♥ || 18 || 19

41

2 走，去喜马拉雅

你知道喜马拉雅吗？

　　喜马拉雅藏语意为"雪的故乡"。喜马拉雅山脉分布在中国、巴基斯坦、印度、不丹、尼泊尔等国境内，是世界上最雄伟的山脉。

安纳普尔纳峰 ABC徒步路线

很多人攀登过喜马拉雅一号峰——安纳普尔纳峰。

ABC是安纳普尔纳大本营（Annapurna Base Camp）的英文缩写。

沿着ABC徒步路线攀登上去，再返回来，大约需要一周的时间。据说，越往上攀登，上面的氧气越稀薄，雪积得越厚，因此需要做好充分的准备。

想要攀登包括安纳普尔纳峰在内的喜马拉雅山，需要办理登山许可证。同时，据说为了防止登山者失踪，在山峰各个位置的检查站都标注了当前所在位置。

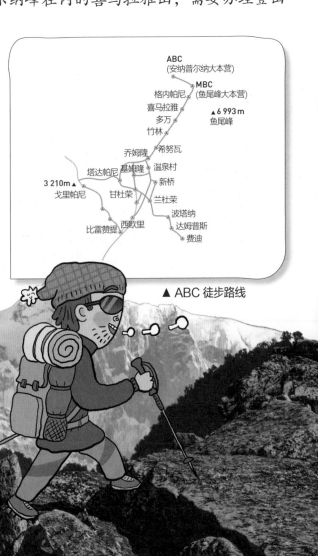

▲ ABC 徒步路线

攀登安纳普尔纳峰

普乐要为大家介绍一篇令人印象深刻的博文内容。

心脏真是怦怦直跳啊！我们终于
做好万全准备了。今天是我们出发去安
纳普尔纳大本营的日子。

原本以为喜马拉雅山全被积
雪覆盖，没想到这里有花，有草，还
有优美宁静的村子呢。

走过摇来晃去的吊桥，
沿着山路往上爬呀爬。

登山途中，经常遇到一些名为"小屋旅馆"的临时休息所，那里
有人卖吃的，也可以在那儿休息。我们在小屋旅馆里吃的比萨的味
道，至今让人回味。

越临近目的地,雪积得越厚,前行越来越难,氧气也越来越稀薄。

终于到达安纳普尔纳大本营了!我们一起合影留念。

安纳普尔纳峰的四周全是山,因此安纳普尔纳峰有种"山中之山"的感觉。尽管来到这里比想象中更加艰难,但身临其境令人心情愉悦。

在攀登安纳普尔纳峰的路线中，上山的路和下山的路错综复杂，因此登山非常艰难。请大家根据路标上的运算结果，画出我们的攀登路线吧！

到达

527-249
378 278

826-178
648 658

741-359
392 382

479+264
743 643

624+148
762 772

出发

鱼尾峰

鱼尾峰是喜马拉雅山脉中安纳普尔纳峰延伸出的一座山峰，其形状酷似鱼尾，因而得名。

"哇！鱼尾峰！"

数学运算

除法运算
Bingo

📖 除法　　　　阅读日期　　　年　月　日

今天，我们来学习一个可以和同学、老师或者父母一起玩的游戏吧！我们一起来玩除法 Bingo 游戏，第一个喊"Bingo！"的人便是获胜者。

> **TIP**
> 如果有人喊"请在商是 3 的除法运算格子里画 ×"，就在 12÷4、24÷8 的格子里画 ×。

请在商是 5 的除法运算格子里画 ×！

1. 在 Bingo 盘上写 25 个不同的除法运算。

2. 朋友或老师轮流喊"请在商是 ● 的除法运算格子里画 ×！" ● 可以是 1 到 9 的任何一个数字。

9÷3	10÷5	16÷4	28÷4	18÷2
14÷7	48÷8	81÷9	12÷6	40÷5
18÷6	8÷4	35÷7	24÷3	5÷5
30÷5	32÷8	15÷5	45÷9	27÷
16÷2	21÷3	24÷6	56÷8	

9÷3	10÷5	16÷4	28÷4	18÷2
14÷7	48÷8	81÷9	12÷6	40÷5
18÷6	8÷4	35÷7	24÷3	5÷5
30÷5	32÷8	15÷5	45÷9	27÷3
16÷2	21÷3	24÷6	56÷8	24÷4

15÷3	49÷7	12÷4	10÷2	27÷3
36÷6	6÷3	24÷8	18÷3	56÷7
24÷6	8÷2	64÷8	20÷4	36÷4
63÷7	18÷9	25÷5	40÷5	9÷9
42÷7	14÷2	42÷6	72÷9	28÷7

剪切线

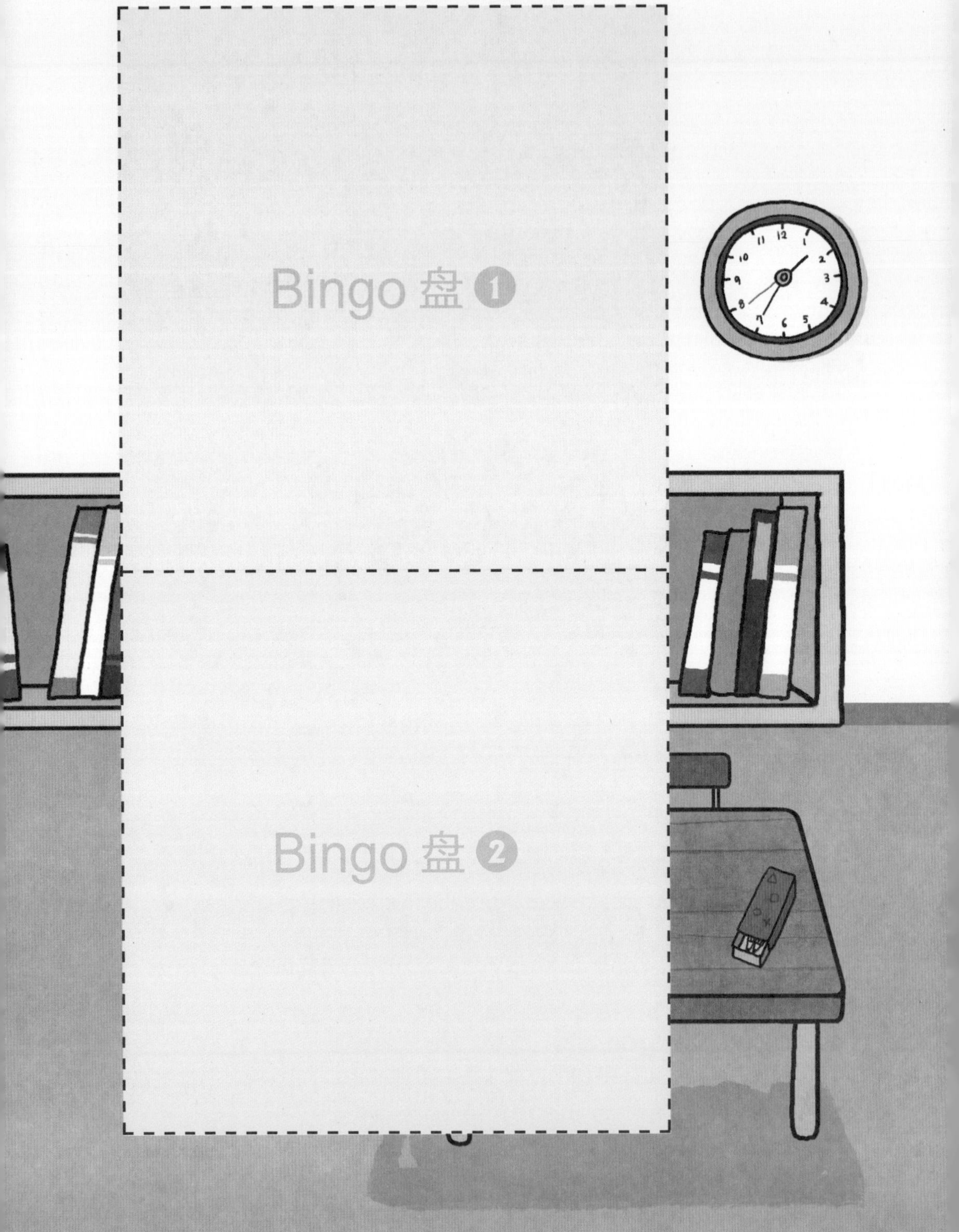

Bingo 盘 ❶

Bingo 盘 ❷

50

玩游戏时，大家注意参照下图所示的方法。大家在连成 3
条线后，一定不要忘记大喊"Bingo！"哟！

很久很久以前，在古埃及……

在很久以前也有分数吗？其实，古埃及人也会运用分数来进行运算。

为了将农作物或鱼类等进行平均分配，人们需要加以运算，如将3份食物平均分给4个人时，只用自然数是无法计算的。这时，除法运算所得出的商，所采用的数字便是分数。

如上所示，古埃及人在表示除法的商时，采用的便是分数。不过，古埃及人所用的分数，除了 $\frac{2}{3}$ 外，所有的分数都是分子为1的单位分数。同时，过去他们所用的分数不是用我们现在的数字来表示，而是用如下图所示的符号。

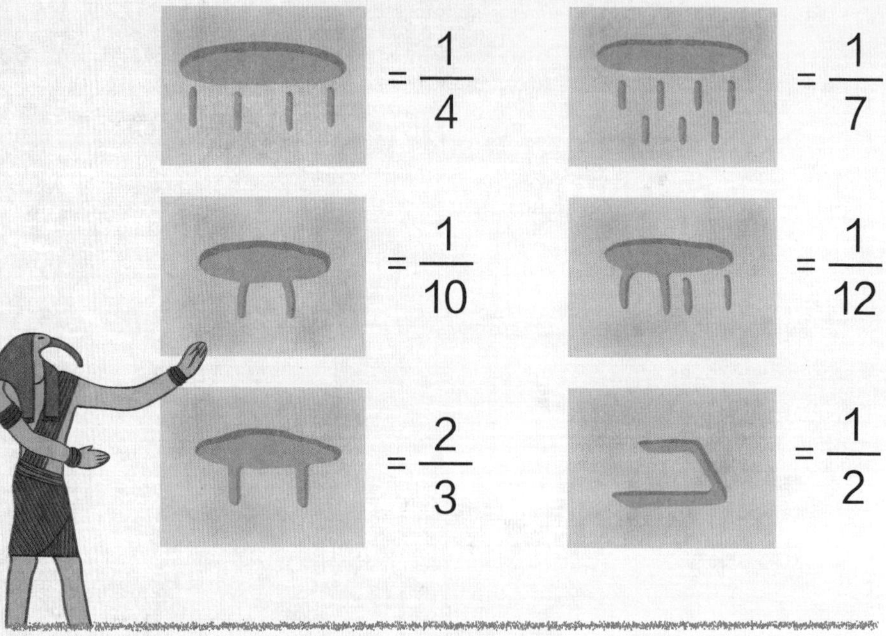

$= \frac{1}{4}$　　$= \frac{1}{7}$

$= \frac{1}{10}$　　$= \frac{1}{12}$

$= \frac{2}{3}$　　$= \frac{1}{2}$

对比上图所示，我们可以看出，$\frac{2}{3}$ 和 $\frac{1}{2}$ 的表示方法很特别，与别的分数符号截然不同。据说，随着时间推移，埃及分数逐渐由椭圆形标记符号转变为圆点符号。

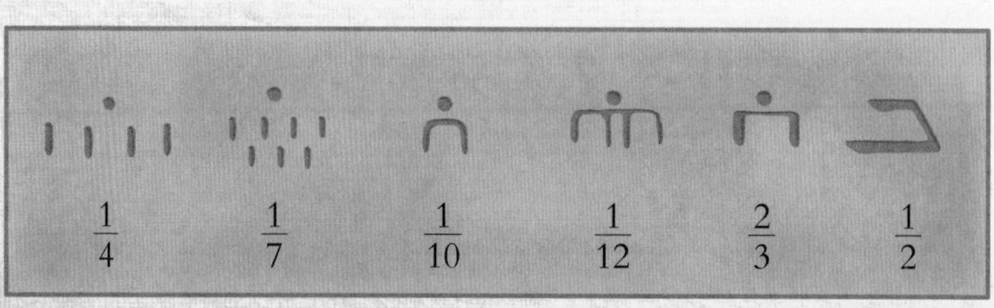

$\frac{1}{4}$　　$\frac{1}{7}$　　$\frac{1}{10}$　　$\frac{1}{12}$　　$\frac{2}{3}$　　$\frac{1}{2}$

👤 什么是分数?

将一个整体均分为 3 份，其中的 2 份就被称为 $\frac{2}{3}$。

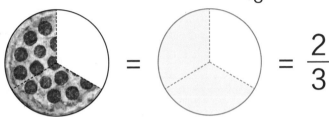

🗿 什么是单位分数?

$\frac{1}{2}$、$\frac{1}{3}$、$\frac{1}{4}$ ……像这样分子为 1 的分数便是单位分数。

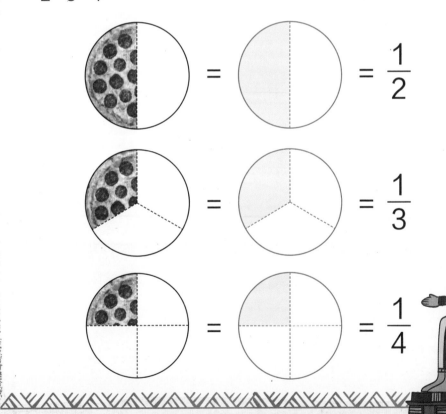

2 乘法运算

📖 乘法   阅读日期   年   月   日

58

59

61

有趣的数字——0

📖 数字 0 的应用　　　　阅读日期　　　年　　月　　日

你知道为什么有数字0吗?

嗯? 我很好奇呢。

那你先区分一下 32、302 和 320 吧。

32 302 320

比如说,去掉 302 中间的数字 0,你看一下。

302

如果没有数字0,就会分不清这个空格里到底是没有数字,还是漏掉、忘记写了。

302

32

没错!

我原来以为,如果"没有数字",干脆就不写了。没想到,如果没有数字0,真的很容易让人混淆啊!

你们知道吗?

你是谁啊?

我们古巴比伦人书写数字时,在空格里会使用相当于0的符号。

我们玛雅人在表示相当于0的符号时,是模仿了手撑下巴的模样!

看来我们所用的数字0,并不是自古就有的。

数字0中,还蕴藏着其他意义。

那是过了很长时间,才悟出来的。

哇哈,据说是我们印度人发现的。

印度的数学家们想：除了根据所放的位置来区分数字，0还有没有其他的用处啊？

就在苦苦求索时，我们发现，0本身就是一个数字。如果有一个苹果，我们说是1，有两个苹果，我们说是2吧……

同样的，什么都没有的时候我们也可以用数字表示，由此我们得出了数字0。

在此之前，根本没有数字来表示"什么都没有"。

0是这样产生的

数字刚出现时，是没有数字0的。

0出现之前，古代苏美尔人表示"什么都没有"时，会空出一个空格。

古巴比伦人表示"什么都没有"时，用 形状来代替空格。

玛雅人表示"什么都没有"时，用 形状来代替空格。这个占位符和玛雅人在月历中使用的符号非常相似。

印度人率先使用的0，和大家现在常用的数字0是不一样的。

5世纪时，印度人率先将0作为数字，并开始应用。然而，当时他们用的是●、○、∅ 形状，而不是我们如今使用的0。

7世纪时，一位名为婆罗摩笈多的印度数学家，在空格中采用占位符●、○，并称之为"修讷（Sunya）"。

见到你很高兴！

9世纪时，我们现在使用的数字0才正式出现。

0的丰富含义

原来有这样的意思呀!

❶ 表示"没有"

箱子里什么都没有时，我们说有 0 个东西。口袋里什么都没有时，我们也说有 0 个东西。如此，数字 0 可用来表示"什么都没有"。

商场

地面 0 层

❷ 表示"标准"

我们去商场时，会看到停车场分为地上停车场和地下停车场。地上1层、地上2层和地下1层都一样，都是将地面作为 0 层来分为地上和地下，这里的 0 用来表示"标准"。

❸ 表示"开始"

大家看一下直尺，开始的位置标记为 0 吧? 因此，数字 0 也可用来表示"开始"。

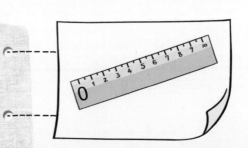

任何数都无法被0除开?

就像 5×0=0 一样，任何数与 0 相乘都等于 0。

那所有的数除以 0，也都等于 0 吗?

答案是"不对"。

这个独特的数字 0 是任何数都无法除开的。

例如，乘法和除法的关系可以这样表示:

$$10 \div 5 = 2$$

$$5 \times 2 = 10$$

那下面的公式成立吗?

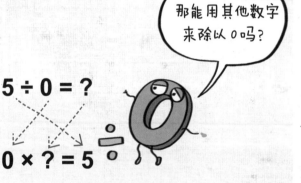

$$5 \div 0 = ?$$

$$0 \times ? = 5$$

任何数乘以 0 都等于 0，不可能会得出 5。

因此，这个公式并不成立，

我们便能得出"任何数都无法被 0 除开"这个结论。

2 数学符号是如何产生的?

📖 加减乘除运算符号　　　阅读日期　　　　年　月　日

你知道数学中所用的这些符号是如何产生的吗?

不知道啊,我倒是很好奇呢。

这个就和随着经济发展而发明出计算器和电脑的道理是一样的。

咳咳

随着经济发展,如果采用一些符号的话,计算会更加迅捷更加便利的。

哦!

随着数学符号和数学的发展,科学也会越来越发达呢。

啪!

* 未知数：解方程中有待计算的数值。

73

符号——通用的数学语言

世界上有 7 000 多种语言，为了方便交流，各国之间约定了通用语言。在数学中也有一些名为"符号"的共同语言，因此，使用这些符号时，人们即使与使用其他语言的人们交流，也能互相理解彼此的意思。

加法符号"+"的由来

大约在 13 世纪，意大利的数学家斐波那契将 7 加 8 写成"7 和 8"，而在拉丁语中"和"表示为"et"。为了将"et"写得更加简单，"et"逐渐简化为了"+"。

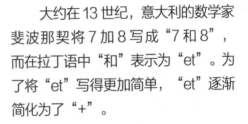

减法符号"−"的由来

据说，数学符号"−"来源于拉丁语中表示"不够、不足"的 minus 一词，德国数学家威德曼只使用了 minus 的缩略词"-m"中的"−"。还有另一种说法，人们看到盛有葡萄酒的酒桶中，用刻度来表示减少的酒量，由此开始用"−"来作为减法符号。

乘法符号"×"的由来

乘法符号"×"是英国数学家奥特雷德在 1631 年出版的《数学之钥》一书中首次使用的。这比加法符号"+"和减法符号"−"的产生晚了 100 多年。

奥特雷德是看到十字架的模样联想到了乘法符号，不过当时用的符号比现在所用的"×"要小很多。由于大家经常将这个符号与英文字母"x"混淆，所以停用了一段时间。后来，从 19 世纪后期起，大家将原先的符号变大，一直沿用至今。

等号"="的由来

等号"="表示"……和……相同"的意思，是 1557 年由英国数学家兼医生的雷科德首次使用的。最初的等号"="是由两条同等长度的平行线来表示的，不过比现在的等号符号要长一些。后来，其逐渐演化为目前大家所用的等号"="。

除法符号"÷"的由来

除法符号"÷"是 1659 年由瑞士的拉恩发明的。除法符号"÷"是模仿了分子被分母均分的除法算式模样演变而来的。

不用九九乘法表，也能做乘法

乘法　　　　　阅读日期　　　　　　　年　月　日

乘法算筹

英国数学家纳皮尔发明了可利用简单加法进行乘法运算的算筹，该乘法算筹按其发明者姓名被命名为"纳皮尔筹"。

该乘法算筹中写着从 1 到 9 的数字，找出按照乘法算式得出的数字，沿着对角线方向将数值加起来，便能算出乘法值。也就是说，通过这个乘法算筹，可以用加法来进行乘法运算。

↓竖线 ＼ →横线	1	2	3	4	5	6	7	8	9
1	1	2	3	4	5	6	7	8	9
2	2	4	6	8	10	12	14	16	18
3	3	6	9	12	15	18	21	24	27
4	4	8	12	16	20	24	28	32	36
5	5	10	15	20	25	30	35	40	45
6	6	12	18	24	30	36	42	48	54
7	7	14	21	28	35	42	49	56	63
8	8	16	24	32	40	48	56	64	72
9	9	18	27	36	45	54	63	72	81

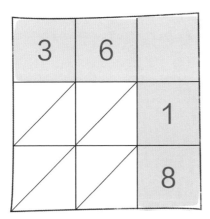

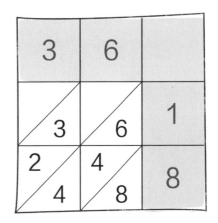

① 对于数字 36，取出横线中的 3 和 6；而数字 18，取出竖线中的 1 和 8，分别填入空格内。

② 参考乘法算筹，3 和 1 相遇的地方对应数字 3，而 6 和 1 相遇的地方对应数字 6，将两个数字填入空格。同理，将 3 和 8、6 和 8 相遇的地方对应的数字也填入空格里。

纳皮尔筹
加法 → 乘法

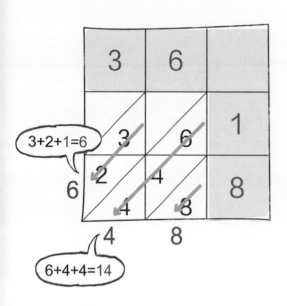

3+2+1=6

6+4+4=14

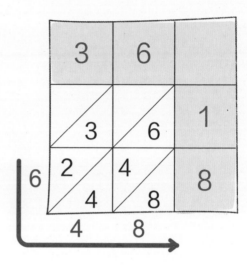

③ 从右侧下方起，沿着绿色箭头方向写出加起来得出的值。如果加起来数值大于10，则往左侧进一位。

④ 自左侧起，沿着红色箭头方向将数字写出来，这便是该乘法运算的结果。

36×18＝648

大家要不要试试，用乘法算筹方式来解出下面的测验题呀?

Quiz [小测验]

请用乘法算筹方式计算 28×14 的结果值。

正确答案：392

印度的乘法算法

　　大家听说过印度的吠陀数学吗？如果能灵活运用吠陀数学，就能快速地进行加法、减法、乘法、除法运算。大家运用吠陀数学的几种方法来进行乘法运算吧。

吠陀数学来自古印度，是在纪元之前口口相传而来的。不过，由于印度严格的等级制度，吠陀数学只被少数统治阶级所熟知。后来，一位名为斯瓦米·巴拉蒂·克里希纳的印度人系统整理了吠陀数学，并传播到全世界。

手指乘法算法

　　用两手的手指表示6到10的数字，采用手指乘法算法计算一下8×7。左手表示被乘数，右手表示乘数。

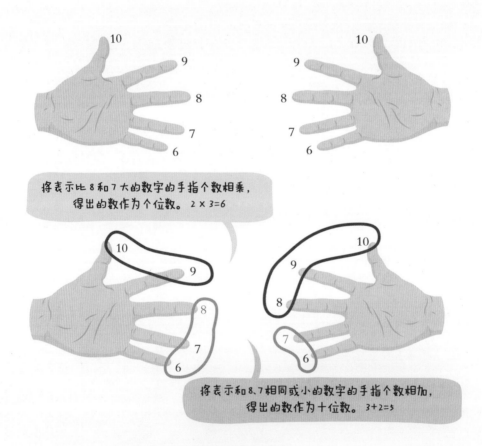

将表示比8和7大的数字的手指个数相乘，得出的数作为个位数。2 × 3=6

将表示和8、7相同或小的数字的手指个数相加，得出的数作为十位数。3+2=5

　　由此，该乘法算式的结果值为56。

19段乘法算法

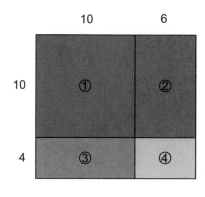

大家来算一下左侧图形的面积吧!

16×14

=①+②+③+④

=10×10+10×6+10×4+6×4

=100+60+40+24

=224

大家会经常用到如上所示的运算方式。

那在吠陀数学中,是如何来计算该图形的面积的呢?

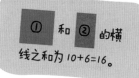

① 和 ② 的横线之和为 10+6=16。

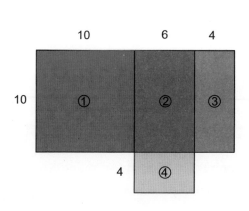

16×14

=(16+4)×10+6×4

=200+24

=224

采用吠陀数学进行运算时，按如下所示的竖向运算方式。

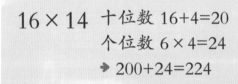

$$\begin{array}{r} 1\ 6 \\ \times\ 1\ 4 \\ \hline 2\ 0\ 0 \quad \leftarrow 十位数\ 16+4 \\ 2\ 4 \quad \leftarrow 个位数\ 6\times4 \\ \hline 2\ 2\ 4 \end{array}$$

大家要注意 16+4 的位数哟!

16×14　十位数 $16+4=20$
个位数 $6\times4=24$
➡ $200+24=224$

按照如上方法可以计算到 19×19，因此这种计算方法被称为"19 段乘法算法"。

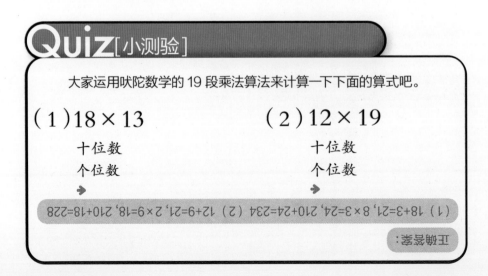

Quiz[小测验]

大家运用吠陀数学的 19 段乘法算法来计算一下下面的算式吧。

（1）18×13　　　　　　（2）12×19

　十位数　　　　　　　　　　　十位数
　个位数　　　　　　　　　　　个位数
　➡　　　　　　　　　　　　　➡

（1）18+3=21，8×3=24，210+24=234 （2）12+9=21，2×9=18，210+18=228

正确答案：

90段乘法算法

乘法算式中，如果被乘数和乘数都等于90或比90大的话，印度人一般会采用一种特殊算法进行运算。

首先，用100分别减去两个数。将减法运算得出的数相乘，结果值放在十位数及个位数上；将减法运算得出的数相加，再用100减去这个和，得出的结果值放在千位和百位上。

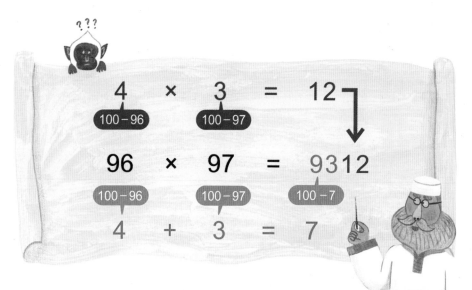

按照如上所示进行运算的方式，被称为"90段乘法算法"。

Quiz [小测验]

大家运用吠陀数学的90段乘法算法来计算一下下面的算式吧。

$99 \times 98 =$

② 问问斯蒂文先生吧!

📖 小数的加法及减法　　阅读日期　　　　年　　月　　日

数学月末摸底测试　　4年级2班　　美乐

1. 0.9+0.7 = **0.16** $^{1.6}$

2. 0.5+0.8 = **0.13**　　1.3

3. 1.8-0.45 = 这个问题好奇怪, 呜呜呜。　1.35

这都是什么啊! 我都算错啦! 看来我得放弃数学了。

现在放弃还太早! 你问问斯蒂文先生吧! 小数的加法和减法并没有那么难。

斯蒂文出生于比利时，后于荷兰作为数学家、物理学家、会计学家而闻名于世。

　　斯蒂文在《论十进》一书中，首次对小数部分进行了通俗易懂的阐述。当时，由于没有表示小数点的符号，人们需要根据句子前后语境来把握小数点的位置。斯蒂文认为此法非常不方便，因此提出了采用小数点来表示小数的建议。不过，由于斯蒂文提出的表示小数点的方法过于复杂，随着时间推移，被一位名为纳皮尔的人逐渐更改为目前我们使用的小数点了。

　　众所周知，荷兰风力资源丰富，斯蒂文通过数学原理来改进风车齿轮咬合角度，提高了风力资源的转化效率。同时，斯蒂文还提出了"力的平行四边形法则"。

85

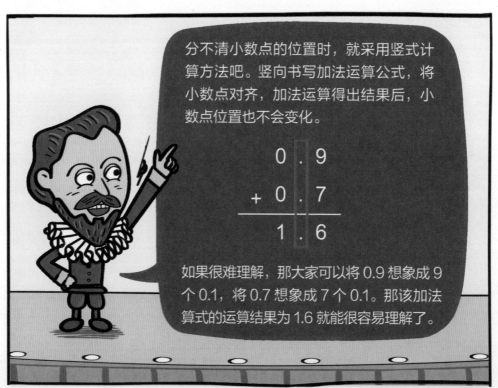

分不清小数点的位置时，就采用竖式计算方法吧。竖向书写加法运算公式，将小数点对齐，加法运算得出结果后，小数点位置也不会变化。

$$
\begin{array}{r}
0.9 \\
+\ 0.7 \\
\hline
1.6
\end{array}
$$

如果很难理解，那大家可以将 0.9 想象成 9 个 0.1，将 0.7 想象成 7 个 0.1。那该加法算式的运算结果为 1.6 就能很容易理解了。

这道题，我采用垂直线的方式，来给你讲另外一种方法吧！

先标记出 0.5 的位置，然后再往下标记出 0.8 的位置。

那箭头的终点位置便是 1.3。

0.5 是 5 个 0.1，0.8 是 8 个 0.1，0.5+0.8 便是 5+8=13 个 0.1。因此，我们可以得出结果是 1.3。如果大家熟悉了竖式计算方式，会很容易忽略掉小数的真正含义，因此大家需要养成勤问为什么的好习惯。

小数的减法运算，大家也可以和小数加法运算一样，采用如下所示的竖式计算方式，将小数点对齐进行运算，不要被这些算式难倒了！

纳皮尔发明小数点

纳皮尔出生于苏格兰爱丁堡附近的莫契斯东城。

当时，欧洲正盛行宗教改革，纳皮尔为避免自己被牵连，便探寻可以埋头钻研的事情，于是他开始苦心钻研起数学来。纳皮尔因发明可轻松进行大数乘法运算的"计算表"而闻名于世。纳皮尔建议使用小数点将整数部分和小数部分区分开，同时简化了小数点的书写。

纳皮尔凭借夜以继日、殚精竭虑的不断研究，创造出了我们现如今所使用的简便的运算方法。

我得发明一个只属于我自己的小数标记法！

去掉①、②、③

5①4②7③

放一个·（点）

除了数学方面，纳皮尔在其他领域也很有研究。他在管理自己的土地时，进行过土壤试验，以便让植物能生长茂盛；他还画过水利螺旋推进器的设计图。我们只是单纯地将数学当作是解答运算问题的工具，但纳皮尔这些数学方面的思考能力让他创造出了新的发明。更进一步说，这些发明或发现也可以改变这个世界。

我们也要努力学习数学，积累丰富的经验，从而培养可以改变世界的力量。

我发现了新的小数标记法。

Quiz [小测验]

根据下面的分数及斯蒂文小数标记法的内容，转化为我们常用的小数。

分数	斯蒂文小数	现在的小数
$\frac{378}{1000}$	3①7②8③	0.378
$\frac{956}{1000}$	9①5②6③	
$\frac{6843}{10000}$	6①8②4③3④	
$\frac{237}{10000}$	2②3③7④	

正确答案：0.956, 0.6843, 0.0237

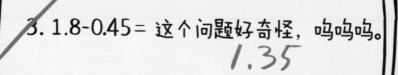

3. 1.8-0.45 = 这个问题好奇怪，呜呜呜。

1.35

啊？

斯蒂文先生，我没有学过怎么从18里减去45啊！这个问题好奇怪啊！

```
   1 . 8
-  0 . 4 5
─────────
   ?   ?   ?
```

重点是小数点！

这个算式是位数不同的小数减法运算，看来你是弄混了！我说过，采用竖式运算时，一定要将小数点对齐！

```
   1 . 8 0
-  0 . 4 5
─────────
   1 . 3 5
```

将小数点对齐，然后在空的位置写上0再进行运算，这样就不会弄混了！

斯蒂文确立小数的概念

自很久之前,分数就以相似的形式被各个国家广泛使用,但小数是由斯蒂文先生首次整理并开始使用的。斯蒂文先生当时担任军队的财务*总监,在计算利息时,单纯使用分数来运算实在是太复杂了。因此,斯蒂文先生从分数的特性中演化出了小数。

当时表示小数点的方式,和今天所用的有所不同。当时在表示小数时,要将现在的小数点"."用⓪代替,将小数点后第一位和①、小数点后第二位和②、小数点后第三位和③要一起表示出来。

$$8 ⓪ 9 ① 3 ② 7 ③ = 8.937$$
$$⓪ \quad ① \quad ② \quad ③$$
$$5 \quad . \quad 7 \quad 8 \quad 9$$

是不是和我们表示小数的方式不一样呢?他们当时的表示方式太复杂了。

我们一起好好学习一下小数的加法和减法运算吧!以后在其他地方肯定也会用到的!

* 财务:在机关或团体单位中负责管理物品或钱物的职能工作。

📖 除法　　　　　阅读日期　　　　　年　　月　　日

382 ÷ 29

382 ÷ 29

×2	1	29	×2
×2	2	58	×2
×2	4	116	×2
	8	232	×2

将除数 29 向下不断乘以 2，算出结果。左侧从 1 开始，向下不断乘以 2，算出结果。

382 ÷ 29

V	1	29	V
	2	58	
V	4	116	V
V	8	232	V

将右侧的数值相加，在和小于且最接近 382 的数值旁边标记 V 符号，就像 29+116+232=377 那样。在相对应的左侧数值旁边也标记 V 符号。

29 + 116 + 232 = 377 < 382

$$382 \div 29$$

∨	1	29	∨
	2	58	
∨	4	116	∨
∨	8	232	∨

从被除数 382 里减去右侧标记 ∨ 的数值之和,得出的数便是该除法算式的余数。

➜ 余数:

382 − 29 − 116 − 232 = 5

也就是说,因为 29+116+232 的和不等于 382,所以我们可以得出 382 不能被 29 整除。从 382 中减去三个数后,剩余的数便是该除法算式的余数。

接下来,将左侧标记 ∨ 的数值相加,得出的数值便是商。

➜ 商: 1 + 4 + 8 = 13

因此,382 ÷ 29 的商是 13,余数是 5。

我再算一道题吧！看看哪里有什么不一样的。

$$336 \div 28$$

336	÷	28
1		28
2		56
∨ 4 ∨		∨ 112 ∨
∨ 8 ∨		∨ 224 ∨

将除数下面的 112 和 224 相加，结果为 336，没有剩余的数。也就是说，336 能被 28 所整除。

将 112 和 224 左边对应的两个数字加起来，4+8=12，这便是该算式的商。

Quiz [小测验]

（1）168 ÷15

商：_____

余数：_____

（2）250 ÷19

商：_____

余数：_____

正确答案：（1）11，3（2）13，3

95

关于约数及亲和数的有趣故事

96

和朋友们一起开心分享

日常生活中，我们经常会遇到将某个物品平均分配的情况。如果物品只有2个，我们会很轻松地分成两份，但数值越大，我们思考的时间就越长。这时，如果我们采用约数概念，则会帮助我们更容易地进行均分。

大家阅读以下内容，思考一下什么样的情况下采用约数便于完成均分，以及日常生活中什么时候会用到约数。

约数的别样魅力！完全数、亏数、盈数

古希腊的毕达哥拉斯及他的门徒都认为：从理论上诠释数值是世上最重要的事情。由此，他们将所有的数值都赋予了意义，这些数值中便有完全数、亏数及盈数。

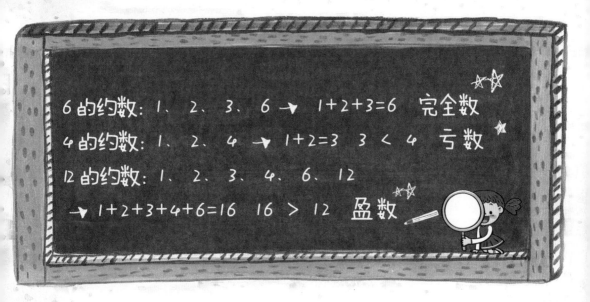

6 的约数：1、2、3、6 → 1+2+3=6 完全数

4 的约数：1、2、4 → 1+2=3 3 < 4 亏数

12 的约数：1、2、3、4、6、12

→ 1+2+3+4+6=16 16 > 12 盈数

完全数

完全数是指除本身外，其他约数之和正好等于本身的数值。例如，6 的约数为 1、2、3、6，除 6 之外，其他约数相加等于 6，因此 6 是完全数。

亏数

亏数是指除本身外，其他约数之和小于本身的数值。例如，4 的约数为 1、2、4，除 4 之外，其他约数相加，1+2=3，而 3 < 4，因此 4 是亏数。

盈数

盈数是指除本身外，其他约数之和大于本身的数值。例如，12 的约数是 1、2、3、4、6、12，除 12 之外，其他约数相加，1+2+3+4+6=16，而 16 > 12，因此 12 是盈数。

亲和数

　　学习小组的同学们放学后聚在一起，打算进一步了解一下约数。

　　这一次，美娜告诉大家，她在图书馆的数学书里，发现了一个很有趣的关于约数的故事。

亲和数

　　除了数字本身外，将其他约数相加后所得的数值正好等于对方的两个数字互为亲和数。

　　例如，大家分别计算一下 220 和 284 的约数。

亲和数

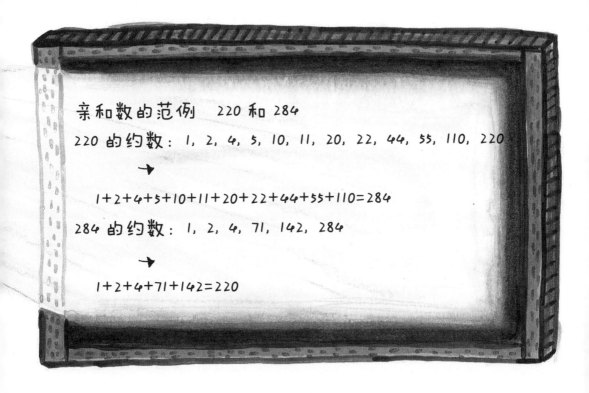

亲和数的范例　220 和 284

220 的约数：1, 2, 4, 5, 10, 11, 20, 22, 44, 55, 110, 220

→

1+2+4+5+10+11+20+22+44+55+110=284

284 的约数：1, 2, 4, 71, 142, 284

→

1+2+4+71+142=220

220 的约数：1, 2, 4, 5, 10, 11, 20, 22, 44, 55, 110, 220

→ 1+2+4+5+10+11+20+22+44+55+110＝284

284 的约数：1, 2, 4, 71, 142, 284

→ 1+2+4+71+142＝220

我们可以得出：220 和 284 是一对亲和数。

通过学习以上内容，我们可以得出：亲和数要么都为偶数，要么都为奇数。

除此之外，亲和数还有哪些数字，大家要不要深入了解一下呢？

> **TIP**
>
> **宇蓝和普乐为大家带来的小知识！**
>
> 能整除被除数的数字称为被除数的约数。
>
> 两个数字共同的约数被称为公约数。
>
> 两个数字的公约数中，最大的公约数被称为两个数字的最大公约数。

2 数学运算

丢番图的墓碑

📖 约分及通分　　　　阅读日期　　　年　月　日

古希腊有位叫丢番图的数学家。

当时的希腊非常重视几何学，但他们认为只有低贱的奴隶才会进行数字运算。

因此，尽管丢番图是位非常伟大的数学家，但除了他的死亡年龄，其他的都不为人所知。

哇! 哇!

啧啧

$3x-2=$
$x+y=?$
$x+b$
$4a$
$2\times x$

他在自己的墓碑上，写下了一些仿佛谜题的内容，不知道是不是他希望别人看着自己的墓碑也来进行一下数字运算。

我终于算出来了！

这里埋藏着丢番图。
他生命的 $\frac{1}{6}$ 是童年时代；他一生的 $\frac{1}{12}$ 是青年时期；又孤身过了一生的 $\frac{1}{7}$ 后，他结了婚；
婚后5年，他有了儿子；
可惜他儿子的寿命
只有父亲的 $\frac{1}{2}$ ；
儿子死后又过了4年
丢番图结束了一生。

*几何学：研究图形或空间关系的数学分支。

102

丢番图活到了多少岁呢？这不是已经记载在墓碑上了吗？

只要能解开刻在墓碑上的谜题，就能知道丢番图到底活到了多少岁。如下图所示，将谜题中出现的分数整理到墙上。因为分母各不相同，所以看不出到底是多少岁，需要进行通分运算，将分母变为相同的数字。

将 6、12、7、2 的最小公倍数作为同分母进行通分运算，则 $\frac{1}{6}$, $\frac{1}{12}$, $\frac{1}{7}$, $\frac{1}{2}$ 变为了 $\frac{14}{84}$, $\frac{7}{84}$, $\frac{12}{84}$, $\frac{42}{84}$。

童年时代度过的时间：$\frac{1}{6}$

青年时期度过的时间：$\frac{1}{12}$

孤身生活的时间：$\frac{1}{7}$

结婚后儿子出生之前的时间：5年

和儿子共同生活的时间：$\frac{1}{2}$

儿子死后度过的时间：4年

那接下来，我们通过通分的分数，将丢番图的一生用图案表示出来吧！

将一个四边形分成 84 个小格子。

因为童年时代度过的时间为一生的 $\frac{14}{84}$，所以涂 14 个小格子；青年时期度过的时间为一生的 $\frac{7}{84}$，因此要涂 7 个小格子。同理，因为孤身生活的时间为一生的 $\frac{12}{84}$，所以涂 12 个小格子。和儿子共同生活的时间为一生的 $\frac{42}{84}$，因此涂 42 个小格子。

童年时代 度过的时间	青年时期度 过的时间	孤身生活 的时间		和儿子共 同生活的 时间			

涂完颜色后，剩余未涂的格子有 9 个。这 9 个格子正是他结婚后儿子出生之前的 5 年时间，和儿子死后度过的 4 年时间之和。

9 个格子代表了 9 年的时间，由此我们可以得出：每个格子代表 1 年的时间。

代表丢番图的一生的格子共有 84 个，因此我们可以得出：丢番图一直活到了 84 岁。

104

一支专业棒球队的选手出发前去进行冬季集训。

集训时间的 $\frac{1}{2}$ 在美国，$\frac{1}{5}$ 在日本，$\frac{1}{8}$ 在英国，还在韩国进行了 7 天的集训。大家涂一涂下面的格子，来看一下集训的时间到底是多少天吧!

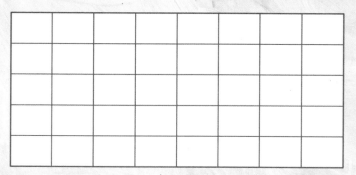

韩国						
英国						
日本		美国				

正确答案: 40 天

TIP

丢番图是谁?

丢番图是 3 世纪后期活跃在古希腊的数学家。

他被称为"代数学之父"，在数字运算中，首次采用文字或符号来代替未知数。

数学运算

今天，我是家里的大厨！

大家帮助妈妈做过饭吗？

做饭时，我们可以触碰食物、嗅闻气味、品尝味道，刺激五官感受，帮助促进头脑的发育。同时，要根据进餐者的数量来确定食材的用量，这样还能提高数学方面的思考能力。

这个周末和家人们一起做一顿丰盛的饭菜吧。

做饭前的注意事项

首先将手洗干净！

不管是做饭前，还是吃饭前，都要将手洗干净。

安全最重要！

厨房里，有很多东西比想象中的更加危险。

大家要时刻注意，不要用异常锋利的刀，也不要让塑料刀伤到自己。使用天然气时，一定要有父母的帮助，自己一个人千万不能使用明火！

厨房用具简介

盆

准备 2~3 个尺寸大小不同的不锈钢盆。

量匙及勺子

如果没有量匙，可以拿成人用的饭勺代替。

煎锅及锅铲

选择煎锅及锅铲时，选抓手位置不会灼热的更加安全。

饭铲

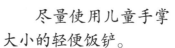

尽量使用儿童手掌大小的轻便饭铲。

刀及菜板

刀非常危险，因此尽可能使用做糕点用的塑料刀。菜板在使用之前，一定要清洗干净。

围裙

做料理时，衣服上可能会沾上食材而弄脏，所以做饭前要穿上围裙。

午餐肉饭团

食材（2人份）：1罐午餐肉、紫菜、米饭 $2\frac{1}{2}$ 碗、食用油少许
可选食材：芝麻叶、切细的泡菜、萝卜芽

1 取出午餐肉，扁扁地切成5片，再将每片一分为二。

2 煎锅放少许食用油，油热后，放入午餐肉进行煎烤。

3 用手抓取准备好的饭团，团成适合放上一片午餐肉大小的饭团。

4 将午餐肉放在饭团上，用紫菜卷起来，防止午餐肉片掉下来。

在米饭和午餐肉中间放入芝麻叶或切细的泡菜，味道更佳。

大家可以放入自己喜爱的食材，来制作各种各样美味的午餐肉饭团。

小朋友还不能独立完成煎炒工作，可以请妈妈帮忙。

TIP

做饭团时，手上蘸取少许盐，米饭会更容易做成饭团！

Quiz [小测验]

如果制作4人份的午餐肉饭团，那么需要多少碗米饭呢？

正确答案：5碗

109

火腿芝士三明治

食材（4 人份）：面包 8 片、火腿 4 片、西红柿 1 个、薄片芝士 4 片、芥末 $3\frac{2}{3}$ 勺、蛋黄酱 $4\frac{1}{2}$ 勺

1. 将西红柿切成薄片。
2. 将面包放入煎锅煎烤。（如家里有烤面包机，则可用面包机烤制。）
3. 将煎烤好的面包，一片抹上芥末，另一片抹上蛋黄酱。
4. 在抹好芥末的面包上，按顺序放上火腿片、芝士、西红柿薄片，然后将抹好蛋黄酱的面包片盖上。
5. 切掉面包的四边后，再一分为二，放在盘子里，三明治便大功告成。

哇！好好吃的样子！

Quiz [小测验]

如果制作 2 人份的火腿芝士三明治，那么需要多少勺蛋黄酱呢？

正确答案：$2\frac{1}{4}$ 勺

110

2 数学运算

小数的重要性

你能想象出没有小数的生活吗?

如果没有小数，我们可以不用做题，也可以不用考试，看起来好像很不错。但是，没有小数，会给我们的生活带来诸多不便。因为有小数，我们能精确测量出我们房间的面积，在重要的实验中，我们能精准地量出放入溶液的剂量。

113

数学运算

寻找宝物箱里的信件！

📖 小数的除法运算　　　阅读日期　　　　年　　月　　日

度岛和度狄是两个外星人，他们很想生活在地球上。为了能在地球上居住，他们要进行一场寻宝旅行，去找到丛林深处宝物箱里的信件。首先，他们要沿着路线，进行小数的除法运算，才能从地下房间里走出去。大家帮助度岛和度狄一起解答一下吧！

1 6.12÷0.68

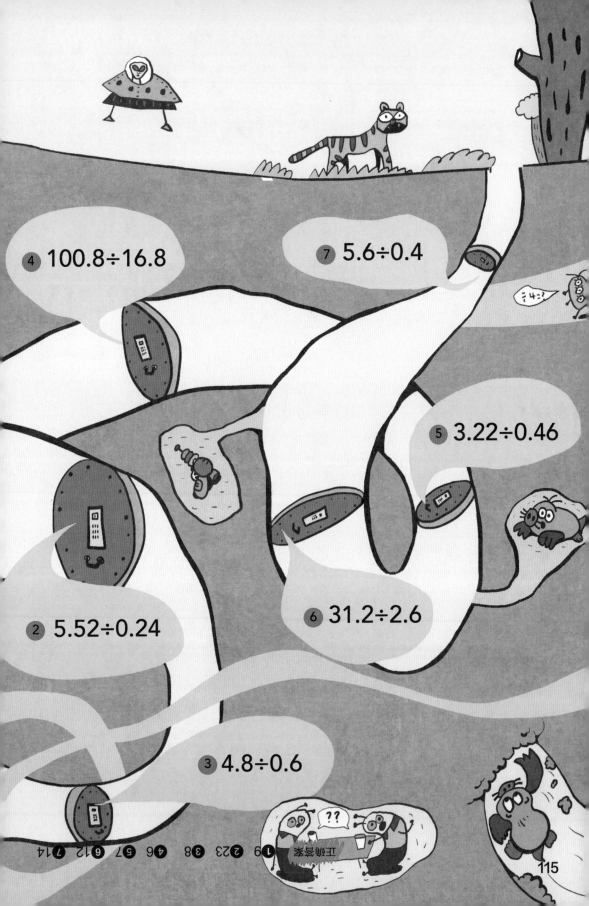

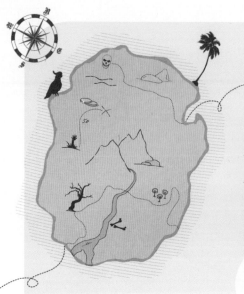

顺利从地下房间和森林迷宫中逃脱出来的度岛和度狄，终于找到了宝物箱。宝物箱里有一封信，信的内容是什么呢？为了能让度岛和度狄在地球上生活下去，最后还需要借助大家的力量。

小数的类型

按照整数部分的情况进行分类

1. 纯小数

像 0.1、0.2、0.3 一样, 比数字 1 小, 整数部分为 0 的小数。

2. 带小数

像 1.25、2.25、3.35 一样, 整数部分不是 0 的小数 。

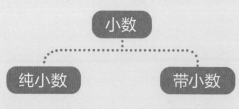

按照小数部分的情况进行分类

1. 有限小数

像 3.125 一样, 小数部分不为 0 且位数有限的小数。

2. 无限小数

像 0.131 542…一样, 小数部分不为 0 且位数无限的小数。

3. 无限循环小数

在无限小数中, 像 0.422 222 22…一样, 小数部分的数字按照一定规律无限循环的小数。

4. 无限不循环小数

在无限小数中, 像 0.134 576 94…一样, 小数部分位数无限且不循环的小数。

绘制思维导图

请大家回忆第 2 章内容，绘制一张关于数学运算的思维导图吧！

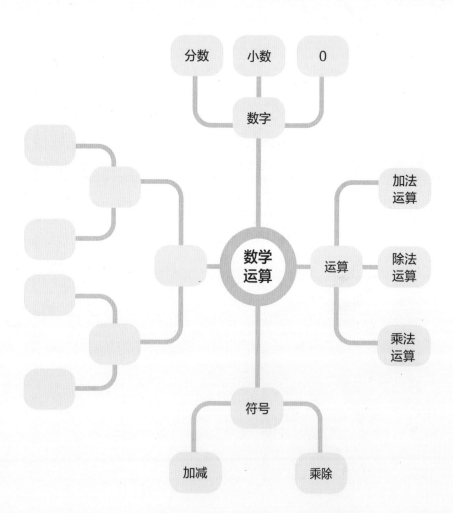

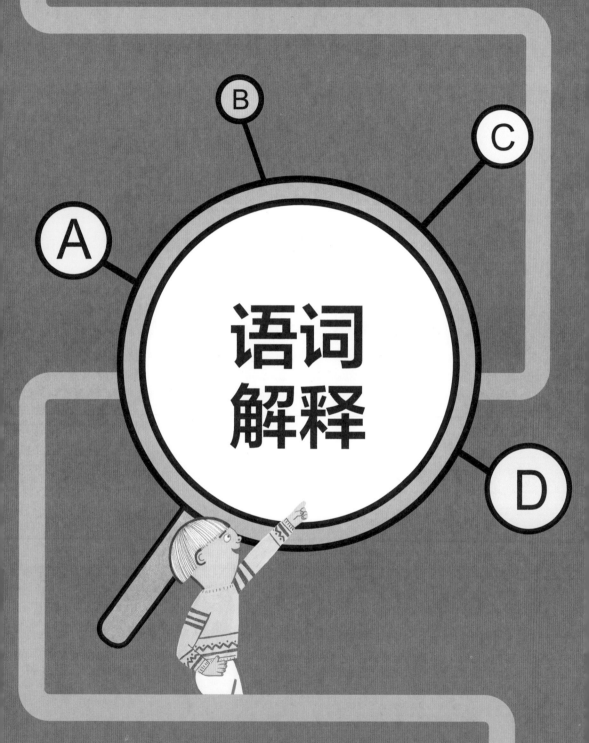

语词解释

自然数　　　　　　　　　第 6 页
零和大于零的整数

数字　　　　　　　　　　第 7 页
表示数量的符号

阿拉伯数字　　　　　　　第 9 页
和我们目前所用的 0、1、2、3、4、5、6、7、8、9 一样，阿拉伯人所用的数字

巴比伦数字　　　　　　　第 16 页
古巴比伦人曾用过的数字

罗马数字　　　　　　　　第 18 页
古罗马使用的数字，与阿拉伯数字的不同之处在于没有位数

▲ 采用罗马数字的钟表

除法运算　　　　　　　　第 48 页
相除的算法，符号为 ÷

分数　　　　　　　　　　第 55 页
表示某部分占整体的数量

单位分数　　　　　　　　第 55 页
像 $\frac{1}{2}$，$\frac{1}{3}$，$\frac{1}{4}$……这样分子为 1 的分数

零　　　　　　　　　　　第 62 页
表示什么都没有的数，是区分正数和负数的标准，也表示事物的开始

加法运算　　　　　　　　第 74 页
相加的算法，符号为 +

减法运算　　　　　　　　第 74 页
相减的算法，符号为 −

乘法运算　　　　　　　　第 75 页
相乘运算，符号为 ×

九九乘法　　　　　　　　第 76 页
将从 1 到 9 的数字两两相乘进行运算

纳皮尔筹　　　　　　　　第 76 页
采用简单的加法运算进行乘法运算的算筹

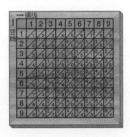

斯蒂文　　　　　　　　　第 85 页
生于比利时，在荷兰比较活跃的数学家、物理学家、会计学家，主张重视小数点的重要性

十进法　　　　　　　　　第 85 页
采用 0、1、2……9 共 10 个数字表示数字的方法